U0341779

高职高专"十四五"规划教材

冶金工业出版社

煤气作业安全技术实用教程

主　编　秦绪华　张秀华
副主编　张　伟　刘洪学　包丽明　季德静

北　京
冶金工业出版社
2022

内 容 提 要

本书共分 5 章，内容主要包括：煤气作业相关的安全生产法律法规、标准规范以及对特种作业的认知；各种煤气的基本知识，包括其生产工艺流程；煤气作业设备设施安全技术要求；煤气作业相关安全生产操作；安全生产用具；煤气作业现场的应急处置，包含煤气中毒、火灾、爆炸等事故的原因分析、处理和预防，以及突发事故时的自救与互救方法。

本书可作为职业院校煤气作业安全生产课程的教学用书，也可作为特种作业的煤气安全生产作业培训教材。

图书在版编目(CIP)数据

煤气作业安全技术实用教程/秦绪华，张秀华主编. —北京：冶金工业出版社，2022.1

高职高专"十四五"规划教材

ISBN 978-7-5024-9154-3

Ⅰ.①煤… Ⅱ.①秦… ②张… Ⅲ.①煤气—安全生产—高等职业教育—教材 Ⅳ.①TQ548

中国版本图书馆 CIP 数据核字（2022）第 074053 号

煤气作业安全技术实用教程

出版发行	冶金工业出版社	电　　话	(010)64027926
地　　址	北京市东城区嵩祝院北巷 39 号	邮　　编	100009
网　　址	www.mip1953.com	电子信箱	service@ mip1953.com

责任编辑　俞跃春　刘林烨　美术编辑　彭子赫　版式设计　郑小利
责任校对　梅雨晴　责任印制　禹　蕊
三河市双峰印刷装订有限公司印刷
2022 年 1 月第 1 版，2022 年 1 月第 1 次印刷
787mm×1092mm　1/16；11 印张；262 千字；165 页
定价 39.00 元

投稿电话　(010)64027932　投稿信箱　tougao@cnmip.com.cn
营销中心电话　(010)64044283
冶金工业出版社天猫旗舰店　yjgycbs.tmall.com
(本书如有印装质量问题，本社营销中心负责退换)

前　言

煤气是冶金生产的副产品，是一种气体燃料，但同时也具有有毒、易燃、易爆的特性。从事煤气生产、储存、输送、使用、维护检修的作业人员，经常与煤气打交道，如果操作不当，容易发生煤气中毒、火灾、爆炸等事故。因此，煤气作业安全工作应给予高度重视。

按照国家《特种作业人员安全技术培训考核管理规定》（2010年7月1日起施行）要求，涉及煤气岗位安全操作人员作为特种作业人员必须参加专门的安全教育培训，并经考核合格取得特种作业操作证后方可上岗作业。

为了切实做好煤气作业安全管理工作，提升各类煤气作业人员安全防范意识，减少安全事故的发生，特编撰《煤气作业安全技术实用教程》一书。本书重点介绍了各种煤气的基本知识及其生产工艺流程、煤气作业设备设施安全技术要求、煤气作业相关安全生产操作、安全生产用具认知、煤气作业现场的应急处置等，同时本书还编录了与煤气作业相关的安全生产法律法规和标准规范，在附录中收编了煤气安全生产法规、煤气作业安全技术培训大纲及考核标准、煤气作业安全技术实际操作考试标准。

本书由吉林电子信息职业技术学院秦绪华、张秀华担任主编，辽宁冶金职业技术学院张伟、吉林电子信息职业技术学院刘洪学、包丽明、季德静担任副主编，吉林电子信息职业技术学院孙建波、许天翔，通化钢铁股份有限公司李春雷、刘艳辉也参与了本书的编写。具体编写分工如下：秦绪华编写了绪论和第1~2章；张伟编写了第3章；张秀华编写了第4章；刘洪学、包丽明、季德静编写了第5章。其中，孙建波、许天翔参与编写了第5章，李春雷、刘艳辉参与编写了第2章。

本书在编写过程中，得到了吉林电子信息职业技术学院冶金研究所所长戚文革、继续教育学院院长李光宇等专家领导的支持与帮助，在此一并表示衷心的感谢。

由于编者水平所限，书中不妥之处，恳请读者批评指正。

编　者

2021 年 11 月

目 录

0 绪论 ··· 1

0.1 特种作业认知 ································· 1

0.1.1 特种作业的范围 ················· 1

0.1.2 特种作业人员的基本条件 ··· 2

0.2 特种作业人员安全技术培训考核管理规定 ··· 2

0.2.1 特种作业人员培训、考核、发证的规定 ··· 2

0.2.2 特种作业人员的复审 ··· 3

0.3 安全生产法律法规与煤气安全管理 ··· 4

0.3.1 安全生产法律法规 ··· 4

0.3.2 煤气安全生产管理制度 ··· 4

1 煤气 ··· 11

1.1 煤气基本知识 ··· 11

1.1.1 煤气的分类和来源 ··· 11

1.1.2 煤气的基本特性 ··· 12

1.2 煤气生产工艺流程 ··· 13

1.2.1 焦炉煤气生产工艺流程 ··· 13

1.2.2 高炉煤气生产工艺流程 ··· 16

1.2.3 转炉煤气生产工艺流程 ··· 20

1.2.4 发生炉煤气生产工艺流程 ··· 22

1.2.5 铁合金炉煤气生产工艺流程 ··· 26

2 煤气作业设备设施安全技术 ··· 28

2.1 煤气管道的结构与施工 ··· 28

2.1.1 煤气管道的结构与施工安全要求 ··· 28

2.1.2 煤气管道敷设安全要求 ··· 28

2.1.3 煤气管道的防腐要求 ··· 30

2.1.4 煤气管道的试验要求 ··· 31

2.2 煤气设备与管道附属装置 ··· 33

2.2.1 隔断装置安全技术 ··· 33

2.2.2 放散装置安全技术 ··· 37

2.2.3 冷凝物排水器安全技术 ··· 38

　　　2.2.4　燃烧装置安全技术 ………………………………………………………… 39

　　　2.2.5　蒸汽管、氮气管 …………………………………………………………… 40

　　　2.2.6　补偿器 …………………………………………………………………… 40

　　　2.2.7　泄爆阀 …………………………………………………………………… 42

　　　2.2.8　人孔、手孔及检查管 ……………………………………………………… 42

　　　2.2.9　管道标志和警示牌 ………………………………………………………… 43

　　　2.2.10　煤气回收装置安全管理要求 ……………………………………………… 43

　　　2.2.11　其他附属装置 …………………………………………………………… 43

　　2.3　煤气加压站与混合站设施 ……………………………………………………… 43

　　　2.3.1　煤气加压站、混合站、抽气机室建筑物安全要求 …………………………… 43

　　　2.3.2　煤气加压站和混合站的一般安全规定 ……………………………………… 44

　　　2.3.3　天然气调压站安全规定 …………………………………………………… 45

　　　2.3.4　煤气加压站、混合站其他安全注意事项 …………………………………… 45

　　2.4　煤气储柜 ………………………………………………………………………… 45

　　　2.4.1　煤气柜的作用 …………………………………………………………… 45

　　　2.4.2　煤气柜的分类 …………………………………………………………… 46

　　　2.4.3　煤气柜安全技术 ………………………………………………………… 49

　　　2.4.4　煤气柜安全要求 ………………………………………………………… 51

3　煤气作业安全生产操作 ……………………………………………………………… 53

　　3.1　煤气设备与管道附属装置操作 ………………………………………………… 53

　　　3.1.1　隔断装置与可靠隔断装置操作 …………………………………………… 53

　　　3.1.2　放散装置操作 …………………………………………………………… 54

　　　3.1.3　冷凝物排水器安全操作 …………………………………………………… 54

　　　3.1.4　燃烧装置操作 …………………………………………………………… 55

　　　3.1.5　补偿器安全操作 ………………………………………………………… 56

　　　3.1.6　泄爆装置安全操作 ……………………………………………………… 57

　　3.2　煤气设施运行与检修 …………………………………………………………… 58

　　　3.2.1　煤气设施的运行 ………………………………………………………… 58

　　　3.2.2　煤气设施的检修 ………………………………………………………… 77

4　安全用具标识 ………………………………………………………………………… 82

　　4.1　安全标志识别 …………………………………………………………………… 82

　　　4.1.1　安全标志的定义及分类 …………………………………………………… 82

　　　4.1.2　安全标志的辅助标志 ……………………………………………………… 87

　　　4.1.3　安全色和对比色 ………………………………………………………… 89

　　　4.1.4　安全标志牌的制作及使用要求 …………………………………………… 89

　　4.2　煤气安全检测技术及设备符号识别 …………………………………………… 90

　　　4.2.1　煤气的检测 ……………………………………………………………… 90

　　4.2.2　煤气的监测 ··· 95

　　4.2.3　煤气设备符号识别 ·· 96

5　煤气作业现场应急处置 ··· 98

　5.1　煤气中毒 ··· 98

　　5.1.1　煤气中毒的原因 ·· 98

　　5.1.2　煤气中毒的分类 ·· 98

　　5.1.3　煤气中毒的临床表现及处理原则 ····················· 99

　　5.1.4　煤气中毒急救误区 ·· 100

　5.2　煤气火灾 ·· 100

　　5.2.1　煤气作业过程火灾危险性 ······························ 101

　　5.2.2　煤气作业过程防火措施 ·································· 103

　　5.2.3　煤气着火事故处理原则 ·································· 106

　5.3　煤气爆炸 ·· 106

　　5.3.1　煤气爆炸的原因 ·· 107

　　5.3.2　煤气爆炸事故的处理及预防 ···························· 107

　5.4　个人防护与急救 ·· 108

　　5.4.1　呼吸防护用品的选择、使用与管理 ·················· 108

　　5.4.2　自动苏生器 ·· 113

　　5.4.3　自救与互救 ·· 115

　　5.4.4　心肺复苏术 ·· 116

　　5.4.5　胸外按压 ··· 117

　　5.4.6　急性中毒的现场抢救 ····································· 118

　　5.4.7　外伤自救与互救 ··· 119

　　5.4.8　搬运伤员步骤 ··· 120

　5.5　现场应急处置与演练 ··· 121

　　5.5.1　应急处置 ··· 121

　　5.5.2　应急演练 ··· 122

附录 ·· 123

　附录A　安全生产法律法规 ·· 123

　附录B　煤气作业安全技术培训大纲及考核标准 ·············· 141

　附录C　煤气作业安全技术实际操作考试标准 ·················· 147

参考文献 ·· 165

0 绪 论

为了规范特种作业人员的安全技术培训考核工作，提高特种作业人员的安全技术水平，防止和减少伤亡事故，国家安全生产监督管理总局于 2010 年 5 月 24 日，以总局 30 号令的形式颁布了《特种作业人员安全技术培训考核管理规定》（以下简称《规定》）。根据 2013 年 8 月 29 日国家安全生产监管总局令第 63 号修正，2015 年 7 月 1 日国家安全监管总局令第 80 号第二次修正。

0.1 特种作业认知

特种作业是指容易发生事故，对操作者本人、他人的安全健康及设备、设施的安全可能造成重大危害的作业。特种作业人员是指直接从事特种作业的从业人员。

0.1.1 特种作业的范围

特种作业共分为以下 11 个作业类别（51 个工种）。

（1）电工作业。电工作业指对电气设备进行运行、维护、安装、检修、改造、施工、调试等作业（不含电力系统进网作业），具体工种为高压电工作业、低压电工作业和防爆电气作业。

（2）焊接与热切割作业。焊接与热切割作业指运用焊接或者热切割方法对材料进行加工的作业（不含《特种设备安全监察条例》规定的有关作业）。具体工种为熔化焊接与热切割作业、压力焊作业和钎焊作业。

（3）高处作业。高处作业指专门或经常在坠落高度基准面 2m 及以上有可能坠落的高处进行的作业，具体工种为登高架设作业和高处安装、维护、拆除作业。

（4）制冷与空调作业。制冷与空调作业指对大中型制冷与空调设备运行操作、安装与修理的作业，具体工种为制冷与空调设备运行操作作业和制冷与空调设备安装修理作业。

（5）煤矿安全作业。煤矿安全作业包括煤矿井下电气作业、煤矿井下爆破作业、煤矿安全监测监控作业、煤矿瓦斯检查作业、煤矿安全检查作业、煤矿提升机操作作业、煤矿采煤机（掘进机）操作作业、煤矿瓦斯抽采作业、煤矿防突作业和煤矿探放水作业。

（6）金属非金属矿山安全作业。金属非金属矿山安全作业包括金属非金属矿井通风作业、尾矿作业、金属非金属矿山安全检查作业、金属非金属矿山提升机操作作业、金属非金属矿山支柱作业、金属非金属矿山井下电气作业、金属非金属矿山排水作业和金属非金属矿山爆破作业。

（7）石油天然气安全作业。石油天然气安全作业具体指的是司钻作业。

（8）冶金（有色）生产安全作业。冶金（有色）生产安全作业具体指的是煤气作业。

（9）危险化学品安全作业。危险化学品安全作业指从事危险化工工艺过程操作及化工自动化控制仪表安装、维修、维护的作业，包括光气及光气化工工艺作业、胺碱电解工艺作业、氯化工艺作业、硝化工艺作业、合成氨工艺作业、裂解（裂化）工艺作业、氟化工艺作业、加氢工艺作业、重氮化工艺作业、氧化工艺作业、过氧化工艺作业、氨基化工艺作业、磺化工艺作业、聚合工艺作业、烷基化工艺作业及化工自动化控制仪表作业。

（10）烟花爆竹安全作业。烟花爆竹安全作业指从事烟花爆竹生产、储存中的药物混合、造粒、筛选、装药、筑药、压药、搬运等危险工序的作业，包括烟火药制造作业、黑火药制造作业、引火线制造作业、烟花爆竹产品涉药作业及烟花爆竹储存作业。

（11）安全监管总局认定的其他作业。

0.1.2　特种作业人员的基本条件

特种作业人员应当符合下列条件：

（1）年满18周岁，且不超过国家法定退休年龄；

（2）经社区或者县级以上医疗机构体检健康合格，并无妨碍从事相应特种作业的器质性心脏病、癫痫病、美尼尔氏症、眩晕症、癔症、帕金森病症、精神病、痴呆症以及其他疾病和生理缺陷；

（3）具有初中及以上文化程度；

（4）具备必要的安全技术知识与技能；

（5）相应特种作业规定的其他条件。

危险化学品特种作业人员除符合第（1）项、第（2）项、第（4）项和第（5）项规定的条件外，应当具备高中或者相当于高中及以上文化程度。

0.2　特种作业人员安全技术培训考核管理规定

0.2.1　特种作业人员培训、考核、发证的规定

特种作业人员必须经专门的安全技术培训并考核合格，取得《中华人民共和国特种作业操作证》（以下简称《特种作业操作证》）后，方可上岗作业。

特种作业人员的安全技术培训、考核、发证、复审工作实行统一监管、分级实施、教考分离的原则。

根据《规定》，特种作业人员应当接受与其所从事的特种作业相应的安全技术理论培训和实际操作培训。已经取得职业高中、技工学校及中专以上学历的毕业生从事与其所学专业相应的特种作业，持学历证明经考核发证机关同意，可以免予相关专业的培训。跨省、自治区、直辖市从业的特种作业人员，可以在户籍所在地或者从业所在地参加培训。

特种作业人员的考核包括考试和审核两部分。考试由考核发证机关或其委托的单位负责；审核由考核发证机关负责。

参加特种作业操作资格考试的人员，应当填写考试申请表，由申请人或者申请人的用人单位持学历证明或者培训机构出具的培训证明向申请人户籍所在地或者从业所在地的考核发证机关或其委托的单位提出申请。

特种作业操作资格考试包括安全技术理论考试和实际操作考试两部分。考试不及格的，允许补考 1 次。经补考仍不及格的，重新参加相应的安全技术培训。

符合从业条件并经考试合格的特种作业人员，应当向其户籍所在地或者从业所在地的考核发证机关申请办理特种作业操作证，并提交身份证复印件、学历证书复印件、体检证明、考试合格证明等材料。

特种作业操作证遗失的，应当向原考核发证机关提出书面申请，经原考核发证机关审查同意后，予以补发。

特种作业操作证所记载的信息发生变化或者损毁的，应当向原考核发证机关提出书面申请，经原考核发证机关审查确认后，予以更换或者更新。

0.2.2　特种作业人员的复审

特种作业操作证每 3 年复审 1 次。

特种作业人员在特种作业操作证有效期内，连续从事本工种 10 年以上，严格遵守有关安全生产法律法规的，经原考核发证机关或者从业所在地考核发证机关同意，特种作业操作证的复审时间可以延长至每 6 年 1 次。

特种作业操作证需要复审的，应当在期满前 60 日内，由申请人或者申请人的用人单位向原考核发证机关或者从业所在地考核发证机关提出申请，并提交下列材料：

（1）社区或者县级以上医疗机构出具的健康证明；

（2）从事特种作业的情况；

（3）安全培训考试合格记录。

特种作业操作证有效期届满需要延期换证的，应当按照前款的规定申请延期复审。

特种作业操作证申请复审或者延期复审前，特种作业人员应当参加必要的安全培训并考试合格。

安全培训时间不少于 8 个学时，主要培训法律、法规、标准、事故案例和有关新工艺、新技术、新装备等知识。

特种作业人员有下列情形之一的，复审或者延期复审不予通过：

（1）健康体检不合格的；

（2）违章操作造成严重后果或者有 2 次以上违章行为，并经查证确实的；

（3）有安全生产违法行为，并给予行政处罚的；

（4）拒绝、阻碍安全生产监管监察部门监督检查的；

（5）未按规定参加安全培训，或者考试不合格的；

（6）超过特种作业操作证有效期未延期复审的；

（7）特种作业人员的身体条件已不适合继续从事特种作业的；

（8）对发生生产安全事故负有责任的；

（9）特种作业操作证记载虚假信息的；

（10）以欺骗、贿赂等不正当手段取得特种作业操作证的；

（11）特种作业人员死亡的；

（12）特种作业人员提出注销申请的；

（13）特种作业操作证被依法撤销的。

离开特种作业岗位 6 个月以上的特种作业人员，应当重新进行实际操作考试，经确认合格后方可上岗作业。

特种作业人员违反上面第(9)项、第(10)项规定的，三年内不得再次申请特种作业操作证。

生产经营单位不得印制、伪造、倒卖特种作业操作证，或者使用非法印制、伪造、倒卖的特种作业操作证。

特种作业人员不得伪造、涂改、转借、转让、冒用特种作业操作证或者使用伪造的特种作业操作证。

0.3 安全生产法律法规与煤气安全管理

0.3.1 安全生产法律法规

安全生产法律法规见附录 A。

0.3.2 煤气安全生产管理制度

安全生产管理是管理的重要组成部分，是安全科学的一个分支。所谓安全生产管理，就是针对人们在生产过程中的安全问题，运用有效的资源，发挥人们的智慧，通过不懈地努力，进行决策、计划、组织和控制等活动，实现生产过程中人与机器设备、物料、环境的和谐，达到安全生产的目标。

安全生产管理制度是指为贯彻落实《中华人民共和国安全生产法》(以下简称《安全生产法》) 及其他安全生产法律、法规、标准，有效地保障职工在生产过程中的安全健康，保障企业财产不受损失而制定的安全管理规章制度。

0.3.2.1 煤气防护安全管理制度

A 目的

为加强煤气防护安全管理，规范煤气区域设备、设施作业，避免煤气中毒、着火、爆炸事故的发生，提高煤气作业人员安全技术素质，确保煤气作业人员和设备的安全，制定本管理制度。

B 适用范围

所有煤气生产、净化、回收、储存、输（配）送和使用单位、个人以及相关煤气的一切管理活动。

C 定义

(1) 煤气。煤气是一种由不同成分组成的可燃性混合气体，通常由 CO、H_2、CH_4、C_nH_m（不饱和碳氢化合物）、H_2S、CO_2、SO_2、N_2、H_2O 等组成。

(2) 煤气设施。所有流经煤气（特别是高压煤气）的设施，包括与其相连的其他介质（如蒸汽、氮气、水等）的管路、设备到与煤气介质第一个切断装置都视为煤气设施。

(3) 隔断装置。凡在系统无异常状况下，处于关闭、封止状态，其承受介质压力在设计允许范围，具有煤气不泄漏到被隔断区域功能的装置都视为隔断装置。

（4）煤气从业人员。煤气从业人员专指从事煤气生产、回收、储存、输（配）送、使用过程中的操作人员、检修人员和管理人员。

（5）煤气危险区域。煤气危险区域是在生产作业过程中正常或不正常状态下出现的CO浓度超标，可能引发煤气事故的工作场所。其定性地分为以下三类。

1）一类煤气危险区域：持续出现或长期出现CO浓度超出国家卫生标准规定的区域。

2）二类煤气危险区域：在正常运行时可能出现CO浓度超出国家卫生标准规定的区域。

3）三类煤气危险区域：在不正常情况时可能出现CO浓度超出国家卫生标准规定的区域。

（6）煤气危险作业。煤气危险作业是指在煤气设备设施上或在煤气危险区域内进行的带煤气作业或煤气检修作业。通常可以分为以下三类。

1）一类煤气危险作业：

①不停煤气情况下在煤气设备设施及其附属设备设施上及10m内进行的动火作业；

②停煤气情况下在煤气柜、煤气主管道、煤气加压机等重要煤气设备设施及其附属设备设施上的动火检修作业；

③进入煤气设备设施内部进行的检修作业；

④在新建、改建、扩建的煤气设备设施进行的送煤气作业（包括首次引煤气点火）；

2）二类煤气危险作业：

①在煤气主管道支架附近其他管道上（不包括氧气管道）的动火检修作业；

②开关煤气管道上盲板阀或抽堵盲板的作业；

③煤气柜区域内非煤气设备设施及其附属设备设施以外的其他动火检修作业。

3）三类煤气危险作业：

①煤气取样作业；

②在不停气的情况下在煤气管道、设备设施及其附属设备设施上进行非动火检修；

③进入煤气区域进行的其他检修作业。

D　职责

安全环保部的职责包括：

（1）负责对煤气防护站和各相关煤气单位的煤气防护安全落实情况进行监督、检查、考核；

（2）负责公司煤气事故应急预案、一类动火作业安全措施的审核；

（3）负责涉及煤气设备设施重大危险作业的监督、指导和协调工作；

（4）参与煤气设备、设施检查、消缺及竣工验收工作；

（5）负责组织煤气事故的调查处理工作。

煤气防护站的职责包括：

（1）负责煤气系统的安全管理，执行国家有关煤气方面的法律法规，落实《工业企业煤气安全规程》（GB 6222—2005）、《冶金企业安全生产标准化评定标准（煤气）》和公司《煤气控制程序》等管理制度，并提出考核意见；

（2）负责制定公司级煤气安全管理的各种制度、作业标准、煤气事故应急预案，审核各单位煤气事故应急预案，建立健全公司煤气安全管理档案，并对煤气设施的安全运行情况定期评估；

（3）参与公司煤气设施的设计审查和新建、改建工程的竣工验收及投运工作；

（4）负责公司各类煤气危险作业的安全管理工作；

（5）负责组织公司煤气系统日常安全检查、专项检查及煤气专业管理考核工作；

（6）负责公司煤气的动态监测分析工作、煤气中毒人员的防护救护工作，现场紧急输送，参与煤气中毒、着火、爆炸等事故的现场协调指挥和处置工作，对事故进行调查分析，监督责任落实及考核工作，推进有关职能部门和各单位做好煤气设备设施的检查、维护保养工作；

（7）负责公司煤气安全宣传及煤气从业人员专业知识的培训监督工作；

（8）指导公司各煤气班组进行标准化建设并组织验收；

（9）负责公司防护器材的管理及空气呼吸器气瓶、氧气瓶（苏生器）充装工作；

（10）负责煤气一类动火作业技术方案的审核和监督落实；

（11）负责煤气系统异常状况下的临时处置。

保卫部的职责包括：

（1）负责煤气一类动火作业消防措施的审核和监督；

（2）负责有关煤气消防设施、器材的监督检查工作；

（3）参与煤气事故的调查处理工作。

生产技术部的职责包括：

（1）负责对公司煤气系统的重大信息进行处置；

（2）负责正常情况下煤气"用、停、送气"指令的下达工作；

（3）负责对煤气质量进行考核管理；

（4）参与一类煤气危险作业方案的审核；

（5）负责组织煤气"新建、改建、扩建"项目和技术改造项目投运前的验收工作。

计量检验中心的职责包括：

（1）负责煤气取样、化验工作；

（2）负责煤气计量工作。

设备管理部的职责包括：

（1）负责煤气设备设施责任范围的划分工作；

（2）负责煤气系统仪表、自动化设备的定期校验和管理工作；

（3）参与一类煤气危险作业方案的审核；

（4）参与煤气设备事故的处理工作；

（5）负责组织煤气设备设施的检测、检验工作（管道壁厚、接地电阻的测试等）。

检修中心的职责包括：

（1）负责煤气系统检测自控设备的维修、检修；

（2）负责煤气系统仪表、自动化设备的日常点检维护及备件材料的检查申报工作。

人力资源部的职责主要是负责组织煤气从业人员的培训、取证和证件复审工作。

各煤气生产、输（配）送、使用、维护单位职责包括：

（1）负责建立健全本单位煤气安全管理体系；

（2）根据《工业企业煤气安全规程》（GB 6222—2005），以及《关于进一步加强冶金企业煤气安全技术管理的有关规定》（安监总管四〔2010〕125 号）制定和完善各自的煤气安全生产责任制；

（3）制定和完善煤气生产使用技术规程、安全规程、煤气设备设施的检修维修规程、煤气事故应急预案等，并根据设备设施的改造、更新进行适时修订；

（4）对各种主要的煤气设施、各类切断装置、放散装置、水封、排水器、人孔、支架等附属设施编号，编号应写在明显的地方，然后绘制"煤气工艺流程图"，并及时更新，图上应标明煤气设备及附属装置的编号；

（5）建立煤气设备设施技术档案，加强日常点检和维护，做好煤气安全监测与防护工作；

（6）定期对本单位煤气从业人员进行煤气安全教育培训、考试，无证人员必须签订师徒协议；

（7）认真做好煤气设备设施大、中修项目安全措施的制定和实施，负责煤气事故隐患整改落实工作；

（8）明确煤气管理人员职责并成立煤气防护小组，配备足够的煤气防护器材，定期检查、维护，确保设备处于良好状态；

（9）积极开展煤气安全宣传教育并至少每年组织一次煤气事故应急演练，配合煤气防护站做好煤气事故的抢救处理和事故调查分析。

E　安全管理内容

煤气设施设计要求应注意以下几点：

（1）煤气设备、设施的设计必须严格执行《工业企业煤气安全规程》（GB 6222—2005），以及《关于进一步加强冶金企业煤气安全技术管理的有关规定》（安监总管四〔2010〕125 号），属于压力管道的煤气管网必须执行《特种设备安全法》；

（2）煤气设备、设施的设计必须从安全角度出发，做到安全可靠，对笨重体力劳动及危险作业，必须采用机械化、自动化措施，并应采用先进技术、工艺，以提高安全可靠运行程度；

（3）煤气设备、设施的改造和施工必须由有资质的设计单位和施工单位进行，凡新型煤气设备或附属装置必须经过安全条件论证；

（4）凡煤气设施、设备、管道等设计，在经常检修的部位，必须增设可靠的切断装置和具备介质进行置换的条件，为煤气设备、设施等检修及安全运行创造良好的前提条件。

煤气设备设施施工、验收应严格执行《工业企业煤气安全规程》（GB 6222—2005）及《关于进一步加强冶金企业煤气安全技术管理有关规定》（安监总管四〔2010〕125 号）。

0.3.2.2　动火作业安全管理制度

A　目的及范围

动火作业安全管理制度的目的是为了规范动火作业行为，消除安全隐患，依据国家和地方有关法律法规、标准及有关规定，特制定本制度。

本制度规定了动火安全管理流程、动火作业管理种类、动火审批手续与批准权限管理、动火责任管理、动火作业安全规则。

B　管理职责

（1）办公室负责动火作业的监督检查管理和动火安全措施的落实管理。

（2）安全科负责动火作业中的警戒、消防防火监督检查管理。

（3）各部门负责本部门区域禁火范围的划分，明确动火作业范围，并进行分级管理和控制。

（4）各部门在禁火区域内进行动火作业，必须办理《动火申请表》。

（5）动火作业的申请者、审批者、动火者、监护者必须遵照本制度履行职责。

C　程　序

a　动火作业管理种类

（1）电钻、砂轮等；

（2）储存、输送易燃易爆液体和气体的容器、管线；

（3）各种焊接、切割作业；

（4）明火取暖、明火照明；

（5）各部门区域内严禁燃放烟花爆竹；

（6）在生产区域内的其他危险作业。

b　动火管理内容

（1）油类、煤气、乙炔气及其他类危险物品的生产设备、储罐、库房和输送管道本体，电缆隧道；

（2）必须带压动火作业的设备管道；

（3）施工与生产交叉部位（指生产与施工无法分割的重要设备）；

（4）检修、技改、维修工程、科研项目中能源介质（指易燃易爆）的接口作业；

（5）各部门认为必须列为动火区的其他部位。

c　动火审批

（1）凡需动火作业的，按照相关要求，由申请部门和动火部门据实填写，经批准确认后，方可动火作业。未按要求填写动火申请表或填写不全的，审核单位一律不得批准。

（2）动火申请表由动火部门填写，写明动火部位、动火时间、动火人姓名、现场监护人等，再行审批。

（3）动火作业分特殊、一级和二级三个级别。

1）特殊危险动火作业：指在生产运行状态下，对存在易燃易爆介质的生产装置、输送管道、储罐、容器等部位上或其他危险场所的动火作业。由分管安全、防火、生产、设备的部门会签后，报分管领导或技术负责人批准。

2）一级动火作业：指在易燃易爆场所进行的动火作业。由分管安全、防火的部门审批。

3）二级动火作业：指除特殊危险动火作业和一级动火作业以外的，均为二级动火作业。由动火车间或部门负责人审批。

d　动火作业责任管理

（1）动火作业最终审批者，负有动火作业管理责任。

（2）动火区域部门的安全、保卫人员，负有动火防范措施的确认和督促落实责任。

（3）动火申请人，负有动火内容确定、动火安全措施确定、包括动火周围安全措施确认责任。

（4）动火人、监护人负有动火安全措施落实及每次动火结束后现场火种消除、确认责任。

（5）动火人应严格遵守焊、割作业规程，如有违背，负有相应责任。

e　动火作业安全规则

（1）电气焊（割）工必须持有效的特种作业人员操作证、动火作业证（票），并随身携带，随时接受有关部门的检查。

（2）焊、割作业必须遵守作业规程。

（3）焊工没有特种作业人员操作证，又没有正式焊工在场进行技术指导时，不准进行焊、割作业。

（4）凡属动火范围的焊、割，未办理动火审批手续的，不准擅自进行焊、割。

（5）焊工不了解焊、割现场周围情况，不准盲目焊、割。

（6）焊工不了解焊、割内部是否安全时，不准焊、割。

（7）盛装过可燃气体、易燃液体、有毒物质的各种容器，未经彻底清洗，不准焊、割。

（8）用可燃材料（如塑料、软木、玻璃钢、聚丙烯薄膜、稻草、沥青等）做保温、冷却、隔音、隔热的部位，以及火星飞溅到的地方，在未采取切实可靠的安全措施前不准焊、割。

（9）有压力或密封的容器、管道不准焊、割。

（10）焊、割部位附近堆有易燃易爆物品，在未做彻底清理或采取有效安全措施之前不准焊、割。

（11）与外部部门相接触的部位，在没有弄清楚对外部部门是否有影响，或明知有危险又未采取切实有效安全措施之前，不准焊、割。

（12）焊、割场所与附近其他工种互有抵触时，不准焊、割。

（13）动火时，双方监护人未到场，未经双方确认签字，动火部门监护人未到场不得动火。

（14）凡有易燃易爆危险液体、气体的厂房、设备（塔、储罐）或管道，在动火前必须卸液并用蒸汽、氮气或水置换清洗干净，然后再将与别的设备相连通的所有管道堵上盲板，有水封的要保持溢流，经测爆合格后才能动火。

（15）对确实无法拆卸的焊割件，要把焊割的部位或设备与其他可燃物质进行严密隔离（可采用防火布、铁皮等非燃烧物）。

（16）动火过程中，遇有设备跑、冒、滴、漏易燃油（气）等情况，应立即停止动火，并报告有关部门，采取相关措施。

（17）凡在有可燃物或易燃物构建的凉水塔、脱气塔、水洗塔等内部进行动火作业时，必须采取防火隔绝措施，以防火花溅落引起火灾。

（18）电气焊（割）必须使用良好的工具设备、安全附件和安全装置（如乙炔瓶阀与皮管连接处必须加装回火阻止器）。乙炔瓶、氧气瓶的存放和使用，必须距离明火10m以上，瓶距在 5m 以上。

（19）对易燃易爆液体、气体的设备、管道动火时，应做到接地可靠，接地线不得随意乱接，以免产生火花而引起其他设备、管线起火或爆炸。

（20）遇五级以上（含五级）大风，禁止在高处动火和室外动火。

（21）动火防范措施不落实，动火时间逾期、动火地点、动火人、监护人与申请表不符、动火人无特殊工种操作证，均不准动火。

（22）动火结束后，双方监护人必须认真检查现场，在确认无火种隐患，并在动火申请表上签字后，方可离开动火现场。

（23）凡高空动火作业或动火作业时火星飞溅可能影响到周围可燃物的，在动火作业结束后半小时至四十五分钟之内，双方监护人必须再到现场进行一次检查、确认。

（24）凡在电缆夹层、电缆沟和其他有电缆的地方动火，动火作业结束后，双方监护人除在半小时至四十五分钟内到现场进行检查、确认外，一小时至一个半小时之内，生产方监护人必须到现场再一次进行检查。

（25）动火作业结束后，现场需要进行检查和确认，确认后检查人签字备案。

（26）动火申请表在每次动火时填写、审批，分别由申请部门、安全管理部门留存。

1 煤 气

1.1 煤气基本知识

煤气是一种混合气体，其中，可燃成分有 CO、H_2、CH_4、H_2S、C_mH_n 等；不可燃成分有 CO_2、N_2、水蒸气和少量氧气。

1.1.1 煤气的分类和来源

煤气的种类多，成分也很复杂，一般可分为天然煤气和人工煤气两种。

按主要成分分类，煤气可分为发生炉煤气、空气煤气、混合煤气和水煤气等。

按生产方式分类，煤气可分为焦炉煤气、高炉煤气、转炉煤气和铁合金煤气等。

1.1.1.1 天然煤气

天然煤气是通过钻井从地层中开采出来的，如天然气、煤层气。天然气的主要成分是甲烷、乙烷、丙烷及丁烷等低分子量的烷烃，还含有少量的硫化氢、二氧化碳、氢、氮等气体。天然气是一种清洁能源，热值远高于人工煤气，燃烧效率高。天然气广泛用作城市煤气和工业燃料，天然气也是重要的化工原料。

1.1.1.2 人工煤气

人工煤气是利用固体或液体含碳燃料热分解或汽化后获得的。

A 发生炉煤气

发生炉煤气是人工煤气的一种，是用固体含碳燃料做原料，在专门设备发生炉内获得的一种煤气。用于制造发生炉煤气的气化剂为空气、水蒸气。

按使用气化剂的不同，可制得不同组分和性质的发生炉煤气，通常分为以下四类：

（1）空气煤气：以空气（实际是空气中的氧气）作气化剂；

（2）混合煤气：以空气和水蒸气的混合物作气化剂；

（3）水煤气：以水蒸气作气化剂；

（4）富氧煤气：以空气、水蒸气和氧气（外加的纯氧）混合物作气化剂。

B 空气煤气

空气煤气由于固体燃料仅与氧反应，气体中可燃成分主要为一氧化碳，故其热值低，一般仅为 $3344 \sim 3762 kJ/m^3$，甚至更低，故在工业上使用极少。

C 混合煤气

混合煤气综合了空气煤气和水煤气的特点，以水蒸气和空气的混合物鼓入发生炉中，制得比空气煤气热值高、比水煤气热值低的混合发生炉煤气，一般在生产中简称混合煤气。这种煤气的热值因使用燃料性质的不同波动在 $5016 \sim 6270 kJ/m^3$，目前被广泛用作各种工业炉的加热燃料。由于采用蒸汽、空气混合物作气化剂，蒸汽能降低燃烧层（火层）的温度而防止结渣，维持连续生产，热效率高达 70% 以上。

这些煤气的发热值较低，故又统称为低热值煤气。煤气中的 CO 和 H_2 是重要的化工原料，可用于合成氨、合成甲醇等。为此，将用作化工原料的煤气称为合成气，它也可用天然气、轻质油和重质油制得。

D 水煤气

水煤气是水蒸气通过炽热的焦炭而生成的气体，主要成分是 CO、H_2，燃烧后排放出 CO_2 和 H_2O，有微量的 CO、HC 和 NO_x。燃烧速度是汽油的 7.5 倍，抗爆性好，据国外研究和专利报道，压缩比可达 12.5，热效率提高 20% ~ 40%，功率提高 15%，燃耗降低 30%，尾气净化近欧Ⅳ标准，还可用微量的铂催化剂净化。与醇、醚相比，简化制造和减少设备，成本和投资更低。压缩或液化与 H_2 相近，但不用脱除 CO，建站投资较低，还可用减少的成本和投资部分补偿压缩（制醇醚也要压缩）或液化的投资和成本。水煤气有毒，工业上用作燃料，又是化工原料。

将水蒸气通过炽热的煤层可制得较洁净的水煤气，现象为火焰腾起更高，而且变为淡蓝色（H_2 和 CO 燃烧的颜色）。其反应化学方程式为：

$$C + H_2O \xrightarrow{\text{高温}} CO + H_2 \tag{1-1}$$

由式(1-1)可知，这就是湿煤比干煤燃烧更旺的原因。

煤气厂常在家用水煤气中特意掺入少量难闻气味的气体（一般 CO 和 H_2 为无色无味气体），目的是当煤气泄漏时能闻到并及时发现。甲烷和水也可制造水煤气，其化学方程式为：

$$CH_4 + H_2O \longrightarrow CO + 3H_2 \tag{1-2}$$

环保型水煤气是发生炉气体燃料的一种，主要成分是 H_2 和 CO，由水蒸气和赤热的无烟煤或焦炭作用而得。工业上大多用水蒸气和空气轮流吹风的间歇法获得，或用水蒸气和 O_2 一起吹风的连续法获得，热值约为 $10500 kJ/m^3$。此外，尚有用水蒸气和空气一起吹风所得的"半水煤气"。水煤气可作为燃料或用作合成氨、合成石油、有机合成、氢气制造等的原料。

1.1.1.3 冶金煤气

冶金煤气一般是冶金生产的副产品，产量大、用量多，主要有焦炉煤气、高炉煤气、转炉煤气和铁合金煤气。焦炉煤气是炼焦过程中煤在高温干馏时的气态产物；高炉煤气是高炉炼铁过程中产生的一种副产品；转炉煤气是在炼钢过程中发生碳氧反应形成的 CO 气体；铁合金煤气是在冶炼铁合金时生成的大量 CO 气体。炼焦、炼铁、炼钢过程中煤气的发生量很大。

1.1.2 煤气的基本特性

这里主要介绍钢铁企业的副产品煤气，它主要用于各种炉窑的加热和余压发电。煤气同时也是一种易燃、易爆、易中毒的危险品，在其生产、净化、储存、输配、使用的各个环节，均有发生煤气事故的可能。

钢铁企业副产品煤气主要有高炉煤气、焦炉煤气和转炉煤气三种。各种煤气的理化性质及其危险特性如下。

（1）高炉煤气：无色、无味，易燃、易爆、易中毒，会致人喘息和窒息。

（2）焦炉煤气：净化后的焦炉煤气是无色、有臭味、有毒的易燃易爆气体，焦炉煤气中的 CO 含量较高炉煤气少，但也会造成煤气中毒事故。

（3）转炉煤气：是无色、无味、有毒的易燃易爆气体，极易造成人员中毒。转炉煤气的成分，在吹炼不同时期有所不同，而且与回收设备及回收时的操作条件有关。

煤气的基本特性如下。

（1）煤气的腐蚀性与毒性。

1）煤气中的腐蚀性成分主要有 H_2S、SO_2、CO_2 等，这些气体在有水时具有腐蚀性。

2）具有毒性的煤气成分（有的副产煤气中无其中的一些成分）主要有 H_2S、NH_4、苯等，这些成分主要存在于焦炉煤气中。

（2）煤气的发热量。

1）煤气发热量：是指完全燃烧一标准立方米煤气时所释放出的热量。发热量有高发热量和低发热量之分。根据各种用户对煤气热值要求不同，选用的煤气种类也不同。

2）高发热量：单位燃料完全燃烧后，将燃烧产物中的水蒸气冷却到零度的水所放出的热量也计算在内的发热量。

3）低发热量：单位燃料完全燃烧后，燃烧产物中的水蒸气冷却到20℃时所放出的热量称为低发热量。

（3）煤气的燃烧。燃烧的三要素包括可燃物、助燃物和点火源，煤气一旦遇到助燃物和点火源即可发生燃烧。从本质上看，任何一种煤气的燃烧过程基本上都包括三个阶段：煤气与空气的混合；混合后可燃气体的加热和着火；完成燃烧化学反应。

（4）煤气的着火浓度界限。

1）着火浓度界限：即一般所说的浓度界限。研究结果表明，不论是自燃着火或点火，着火条件都与可燃物的浓度有关，与惰性气体的含量有关，与可燃混合物的初始温度有关。

2）焦炉煤气：密度 0.452～0.65kg/m³，相对空气密度 0.43～0.5，热值 16720～18810kJ/m³，着火温度 550～650℃，爆炸极限 4.22%～30.4%，理论燃烧温度 2090℃左右。

3）高炉煤气：密度 1.29～1.33kg/m³，相对空气密度近似1，热值 3344～4180kJ/m³，着火温度 700～750℃，燃烧温度 1470℃，爆炸极限 36%～88%。

4）转炉煤气：密度 1.36kg/m³，相对空气密度 1.05，热值 7117～8373kJ/m³，着火温度 650～700℃，爆炸极限 18.22%～83.22%。转炉煤气的理论燃烧温度比高炉煤气高。

1.2　煤气生产工艺流程

1.2.1　焦炉煤气生产工艺流程

1.2.1.1　焦炉煤气产生机理

焦炉煤气的产生是物理作用，是煤在炭化室内（两侧是燃烧室）隔绝空气的情况下加热，经干馏使煤含有的一些有机物质蒸发出来，即为焦炉煤气。焦炉煤气通过上升管、集气管（有调压系统、煤气放散系统），又引入下方作为加热燃料。

1.2.1.2　焦炉煤气性质

焦炉煤气又称焦炉气，是指用几种烟煤配制成炼焦用煤，在炼焦炉中经过高温干馏后，在产出焦炭和焦油产品的同时所产生的一种可燃性气体，是炼焦工业的副产品。焦炉气是混合物，其产率和组成因炼焦用煤质量和焦化过程条件（体积分数）不同而有所差别，一般每吨干煤可生产焦炉气 $300 \sim 350 m^3$（标准状态）。其主要成分（体积分数）为 H_2（$55\% \sim 60\%$）和 CH_4（$23\% \sim 27\%$），另外还含有少量的 CO（$5\% \sim 8\%$）、C_2 以上不饱和烃（$2\% \sim 4\%$）、CO_2（$2\% \sim 3\%$）、O_2（$0.3\% \sim 0.8\%$）、N_2（$2\% \sim 4\%$）。其中 H_2、CH_4、CO 和 C_2 以上不饱和烃为可燃组分，CO_2、N_2、O_2 为不可燃组分。

焦炉煤气适合用作高温工业炉的燃料和城市煤气。焦炉气含氢气量高，分离后用于合成氨，其他成分如甲烷和乙烯可用做有机合成原料。

焦炉煤气的特点如下：

（1）焦炉煤气发热值高（$16720 \sim 18810 kJ/m^3$），可燃成分较高（约90%）；

（2）焦炉煤气是无色有臭味的气体；

（3）焦炉煤气因含有 CO 和少量的 H_2S 而有毒；

（4）焦炉煤气含氢多，燃烧速度快，火焰较短；

（5）焦炉煤气如果净化不好，含有较多的焦油和萘就会堵塞管道和管件，给调火工作带来困难；

（6）焦炉煤气着火温度为 $600 \sim 650$℃。

1.2.1.3　焦炉煤气回收工艺

从焦炉出来的煤气是荒煤气，经气液分离器分离，之后进行初冷，炼焦煤气进入初冷器被直接冷却或间接冷却至常温，此时，残留在煤气中的水分和焦油被进一步除去。出初冷器后的煤气经机械捕焦油使悬浮在煤气中的焦油雾通过机械的方法除去，然后进入鼓风机被升压至 19.6kPa（$2000mmH_2O$）左右。鼓风机前是负压系统，鼓风机后是正压系统。为了不影响后续煤气精制的操作（如硫铵带色、脱硫液老化等），使煤气通过电捕焦油器除去残余的焦油雾。为了防止萘在温度低时从煤气中结晶析出，煤气进入脱硫塔前设洗萘塔用于洗油吸收萘。在脱硫塔内用脱硫剂吸收煤气中的硫化氢，与此同时，煤气中的氰化氢也被吸收了。煤气中的氨则在吸氨塔内被水或水溶液吸收产生液氨或硫铵。煤气经过吸氨塔时，由于硫酸吸收氨的反应是放热反应，煤气的温度升高。为了不影响粗苯回收的操作，煤气经终冷塔降温后进入洗苯塔，在洗苯塔内，与粗苯蒸馏系统送来的贫油逆向洗涤接触，脱除苯族烃后的煤气送往煤气用户。与此同时，有机硫化物也被除去。

焦炉煤气净化过程中经过反应塔、洗涤塔、脱硫塔、洗苯塔等设施，还涉及水、洗油等介质，介质的排放关联到水封、油封的高度问题，一定要保持工作压力加 4.904kPa（$500mmH_2O$）。还有含氧量的控制，电捕焦油是高压电场，氧含量高会产生爆炸，所以氧含量要控制在合适范围内。焦炉煤气回收工艺流程如图 1-1 所示。

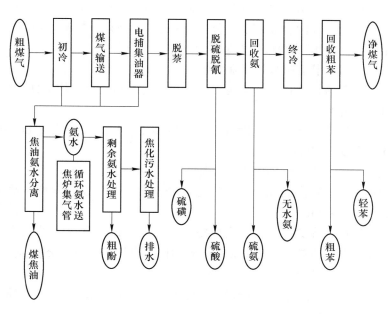

图 1-1　焦炉煤气回收工艺流程

1.2.1.4　焦炉煤气回收与净化安全技术

A　厂址与厂房布置安全要求

（1）新建焦炉应布置在居民区夏季最小频率风向的上风侧，其厂区边缘与居民区边缘相距应在 1000m 以上，中间应隔有防护林带。

（2）在钢铁企业中，焦炉宜靠近炼铁并与高炉组轴线平行布置。焦炉组纵轴应与常年最大频率风向夹角最小。

（3）新建焦化厂的办公、生活和卫生设施应布置在厂区常年最小频率风向的下风侧。

B　煤气冷却以及净化厂址与厂房布置安全要求

（1）新建焦炉煤气冷却、净化区应布置在焦炉的机侧或一端，其建（构）筑物最外边线距焦炉炉体边线应不小于 40m。中小型焦炉可适当减少，但不应小于 30m。

（2）煤气冷却及净化区域应遵守相关的规定。

新建煤气冷却、净化区内煤气系统各种设施的布置应符合下列要求：

1）煤气初冷器（塔）应正对抽气机室，按单行横向排列，初冷器出口煤气集合管中心线与抽气机室的行列线距离应不小于 10m；

2）煤气冷却、净化系统的各种塔器与厂区专用铁路中心线的距离应不小于 20m，与厂区主要道路的最近边缘的距离应不小于 10m。

C　设备结构安全要求

a　煤气回收系统的设备结构

（1）装煤车的装煤漏斗口上应有防止煤气、烟尘泄漏的设施。炭化室装煤孔盖与盖座间、炉门与炉门门框间应保持严密。

（2）上升管内应设氨水、蒸汽等喷射设施。

（3）一根集气管应设两个放散管，分别设在吸气弯管的两侧，并应高出集气管走台5m以上，放散管的开闭应能在集气管走台上操作。

（4）集气管一端应装有事故用工业水管。

（5）集气管上部应设清扫孔，其间距以及平台的结构要求，均应便于清扫全部管道，并应保持清扫孔严密不漏。

（6）采用双集气管的焦炉，其横贯管高度应能使装煤车安全通过和操作，在对着上升管口的横贯管管段下部设防火罩。

（7）在吸气弯管上应设自动压力调节翻板和手动压力调节翻板。

（8）焦炉地下室应加强通风，两端应有安全出口，并应设有斜梯。地下室煤气分配管的净空高度不小于1.8m。

（9）交换装置应按先关煤气，后交换空气、废气，最后开煤气的顺序动作，要确保炉内气流方向符合焦炉加热系统图。交换后应确保炉内气流方向与交换前完全相反，交换装置的煤气部件应保持严密。

（10）废气瓣的调节翻板（或插板）全关时，应留有适当的空隙，在任何情况下都应使燃烧系统具有一定的吸力。

（11）焦炉地下室、机焦两侧烟道走廊、煤塔底层的仪表室、煤塔炉间台底层、集气室、仪表间，都属于甲类火灾危险厂房。

（12）设有汽化冷却的上升管的设计和制造，应符合现行有关锅炉压力容器安全管理规定。

（13）焦炉地下室、焦炉烟道走廊、煤塔炉间台底层、交换机仪表室等地，应按2区选用电气设备，并应设有事故照明。

b　煤气冷却、净化系统的设备结构

（1）煤气冷却及净化系统中的各种塔器，应设有吹扫用的蒸汽管。

（2）各种塔器的入口和出口管道上应设有压力计和温度计。

（3）塔器的排油管应装阀门，油管浸入溢油槽中，其油封有效高度为计算值加500mm。

（4）电捕焦油器应遵守有关规定。但电捕焦油器设在抽气机前时，煤气入口压力允许负压，可不设泄爆装置；电捕焦油器设在鼓风机后，应设泄爆装置，设自动的连续式氧含量分析仪，煤气含氧量达1%时报警，达2%时切断电源。

（5）煤气冷却、净化设备的气密性试验与管道系统相同，应遵守有关规定。

（6）焦炉的吸气管应用510mmH$_2$O做泄漏试验，20min压力下降不超过10%为合格。

1.2.2　高炉煤气生产工艺流程

1.2.2.1　高炉煤气产生机理

高炉生产过程是铁矿石在高温下冶炼成生铁的过程。全过程是在炉料自上而下、煤气自下而上的运动、相互接触过程中完成的。

高炉生产所用的原料是含铁的矿石包括烧结矿、球团矿和天然富矿石，燃料主要是焦炭，辅助原料为熔剂和洗炉剂等。通过上料系统和炉顶装料系统将炉料按一定料批、装入顺序从炉顶装入炉内，从风口鼓入经热风炉加热到1000~1300℃的热风，炉料中的焦炭在风口前与鼓入热风中的氧发生燃烧反应，产生高温和还原性气体，这些还原性气体在上升过程中加热缓慢下行的炉料，并将铁矿石中的铁氧化物还原成为金属铁。已熔化的渣铁聚集于炉缸内，发生诸多反应，最后调整铁液的成分和温度达到终点，定期从炉内排出。上升的高炉煤气流，由于将能量（热能和化学能）传递给炉料而温度逐渐降低，最终形成高炉煤气从炉顶导出管排出。

高炉冶炼每吨普通生铁所产生的煤气量因焦比水平的差异及鼓风含氧量的不同差别很大，低者只有$1600m^3/t$，高者可达到$3500m^3/t$，煤气成分差别也很大。先进的高炉煤气化学能将得到充分利用，其CO利用率可超过50%。在钢铁联合企业中，高炉煤气的一半作为热风炉及焦炉的燃料，其余的作为轧钢厂加热炉、锅炉房或自备发电厂的燃料，在能源平衡中起重要作用，生产中应避免排空造成浪费。

1.2.2.2 高炉煤气性质

高炉煤气是炼铁过程中产生的副产品，主要成分（体积分数）为$CO(23\%~30\%)$、$CO_2(16\%~18\%)$、$H_2(1\%~4\%)$、$N_2(51\%~56\%)$、$CH_4(0.2\%~0.5\%)$等。

高炉煤气特性如下：

（1）高炉煤气中不燃成分多，可燃成分较少（约30%），发热值低；

（2）高炉煤气是无色无味的气体，因CO含量很高，所以毒性极大；

（3）燃烧速度慢，火焰较长，焦饼上下温差较小；

（4）用高炉煤气烧热风炉时，受煤气含尘影响，容易堵塞蓄垫室格子砖；

（5）煤气含尘量一般不超过$10mg/m^3$；

（6）煤气着火温度大于700℃。

高炉煤气的成分和热值与高炉所用的燃料、所炼生铁的品种及冶炼工艺有关，现代高炉炼铁普遍采用大容积、高风温、高冶炼强度、高喷煤的生产工艺，采用这些先进的生产工艺提高了劳动生产率并使能耗降低，但所产生的高炉煤气热值更低。高炉煤气中的CO_2、N_2既不参与燃烧产生热量，也不能助燃；相反，还吸收了大量在燃烧过程中产生的热量，导致高炉煤气的理论燃烧温度偏低。

同体积的高炉煤气的发热量较焦炉煤气低得多，热值低的高炉煤气是不容易燃烧的，为了提高燃烧的热效应，除了空气需要预热外，高炉煤气也必须预热。因此使用高炉煤气加热时，燃烧系统上升气流的蓄热室中，有一半用来预热空气，另一半用来预热煤气。

用高炉煤气加热时，耗热量高（一般比焦炉煤气高15%左右），产生的废气多，且密度大，因而阻力也较大。而上升气流虽然供入的空气量较少，但由于上升气流仅一半蓄热室通过空气，上升气流空气系统和阻力仍比焦炉煤气加热时要大。

高炉煤气中的惰性气体占60%以上，因而火焰较长，焦饼上下加热的均匀性较好。

由于通过蓄热室预热的气体量多，蓄热室、小烟道和分烟道的废气温度都较低，小烟道废气出口温度一般比使用焦炉煤气加热时低40~60℃。

高炉煤气中 CO 的含量（体积分数）一般为 23% ~ 30%，为了防止空气中 CO 含量超标，必须保持煤气设备严密。高炉煤气设备在安装时应严格按规定达到试压标准，如果闲置较长时间，重新使用前必须再次进行打压试漏，确认管道、设备严密后才能改用高炉煤气加热。日常操作中，还应对交换旋塞定期清洗加油，对水封也应定期检查，保持满流状态，蓄热室封墙，小烟道与连接管处的检查和严密工作应经常进行。

焦炉所用的高炉煤气含尘量要求最大不超过 15mg/m³。近年来由于高压炉顶和洗涤工艺的改善，高炉煤气含尘量可降到 5mg/m³ 以下，但长期使用高炉煤气后，煤气中的灰尘也会在煤气通道中沉积下来，使阻力增加，影响加热的正常调节，因而需要采取清扫措施。

1.2.2.3　高炉煤气回收工艺

高炉冶炼过程中会产生大量煤气，由高炉炉顶排出的煤气温度为 150~300℃，含有可燃成分 CO 和 H_2，含有粉尘 40~100g/m³。如果直接使用，会堵塞管道，并引起热风炉和燃烧器等耐火砖衬的侵蚀破坏。因此，高炉煤气必须除尘，将含尘量降低到 5~10mg/m³ 以下，才能作为燃料使用，而炉尘中含大量的含铁物质与燃料，可以综合回收利用。

高炉煤气带出的炉尘粒度为 0~500μm，由于颗粒大小不同、密度不同，其沉降速度也不相同。粒径与密度越小的颗粒，沉降速度越低，越不容易沉积。10μm 以下的颗粒沉降速度只有 1~10mm/s。气体的黏度随温度升高而加大，故高温不利于尘粒沉降。

高炉煤气的除尘过程是循序渐进的，一般采用能量消耗最少、费用低的三段式除尘，即粗除尘、半精细除尘和精细除尘。60~100μm 及其以上颗粒的除尘叫粗除尘，效率可达 60%~80%；20~60μm 颗粒的除尘叫半精细除尘，效率可达 85%~90%；小于 20μm 颗粒的除尘为精细除尘。实用的除尘技术都是借助外力作用使尘粒与气体分离的，可借用的外力有惯性力、加速力、重力、离心力、静电力和束缚力等。

高炉煤气除尘分为干法除尘和湿法除尘两种工艺。高炉荒煤气经重力除尘器或轴流旋风除尘器粗除尘后，进入湿式精细除尘器，依靠喷淋大量的水，最终获得含尘量为 10mg/m³ 以下的净煤气，此过程称为湿法除尘。而干法除尘是指荒煤气在除尘过程中不使用水，就可使净煤气的含尘量达到 10mg/m³ 以下的除尘工艺。湿法除尘效果稳定，清洗后煤气的质量好；其缺点是既要消耗大量的水，又要进行污水处理。

干法除尘不仅投资少、占地少、简化了工艺系统，从根本上解决了二次水污染和污泥的处理问题，而且配合煤气余压发电系统可以合理回收利用煤气显热，显著增强煤气发电能力，有效降低吨铁能耗。同时，由于煤气含水率较低，煤气发热值得到了提高。但是干法除尘稳定性差，在我国 420m³ 以下高炉采用纯干法除尘，而大型高炉大都是干、湿并联，如果干法达不到清洗要求时，切换成湿法，但干法除尘的应用越来越广泛。

高炉煤气净化回收工艺流程如图 1-2 所示。

高炉煤气干法系统流程为：高炉→上升管→下降管→重力除尘器→布袋除尘。

重力除尘器是一种干式除尘器，它靠惯力使颗粒与气体分离，炉尘直落器底进入灰斗，是粗大炉尘除尘设备。

布袋除尘是经过布袋过滤，将尘气分开，除去高炉煤气中的细小粉尘，然后产生干净的煤气送往热风炉和其他用气单位。

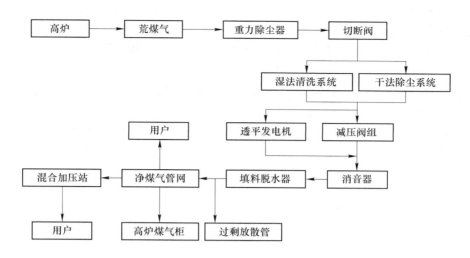

图 1-2 高炉煤气回收工艺流程

重力除尘器应符合下列规定：

（1）除尘器应设置蒸汽或氮气的管接头；

（2）除尘器顶端至切断阀之间应有蒸汽、氮气管接头；

（3）除尘器顶及各煤气管道最高点应设放散阀。

电除尘器应符合下列规定：

（1）电除尘器入口、出口管道应设可靠的隔断装置；

（2）电除尘器应设有当煤气压力低于 500Pa 或含氧量达到 1% 时，能自动切断高压电源并发出声光信号装置；

（3）电除尘器应设有放散管、蒸汽管、泄爆装置；

（4）电除尘器沉淀管（板）间，应设有带阀门的连通管，以便放散其死角煤气或空气。

布袋除尘器应符合下列规定：

（1）布袋除尘器每个出入口应设有可靠的隔断装置；

（2）布袋除尘器每个箱体应设有放散管；

（3）布袋除尘器应设有煤气高、低温报警和低压报警装置；

（4）布袋除尘器箱体应采用泄爆装置；

（5）布袋除尘器反吹清灰时，不应采用在正常操作时用粗煤气向大气反吹的方法；

（6）布袋箱体向外界卸灰时，应有防止煤气外泄的措施。

1.2.2.4 高炉厂址与厂房布置安全要求

（1）新建高炉应布置在居民区常年最小频率风向的上风侧，且厂区边缘距居民区边缘的距离应不小于 1000m。

（2）新建高炉的除尘器应位于距高炉铁口、渣口 10m 以外的地方。旧有设备不符合上述规定的，应在改建或技改时予以解决。

（3）新建高炉煤气区附近应避免设置常有人工作的地沟。如必须设置，应使沟内空气流通，防止积存煤气。

（4）厂区办公室、生活室宜设置在厂区常年最小频率风向的下风侧，离高炉100m以外的地点。炉前休息室、浴室、更衣室可不受此限。

（5）厂区内的操作室、仪器仪表室应设在厂区夏季最小频率风向的下风侧，不应设在经常可能泄漏煤气的设备附近。

（6）新建的高炉煤气净化设备应布置在宽敞的地区，保证设备间有良好的通风。各单独设备（洗涤塔、除尘器等）间的净距不应少于2m，设备与建筑物间的净距不应少于3m。

1.2.3　转炉煤气生产工艺流程

1.2.3.1　转炉煤气产生机理

转炉煤气是在转炉炼钢过程中，铁水中的碳在高温下和吹入的氧生成一氧化碳和少量二氧化碳的混合气体。回收的顶吹氧转炉炉气含一氧化碳、二氧化碳、氮、氢和微量氧。转炉煤气的发生量在一个冶炼过程中并不均衡，成分也有变化。通常将转炉多次冶炼过程回收的煤气输入一个储气柜，混匀后再输送给用户。

1.2.3.2　转炉煤气性质

转炉煤气是钢铁企业内部中等热值的气体燃料，可以单独作为工业窑炉的燃料使用，也可以和焦炉煤气、高炉煤气、发生炉煤气配合成各种不同热值的混合煤气使用。转炉煤气含有大量CO，毒性很大，在储存、运输、使用过程中必须严防泄漏。

转炉煤气的成分（体积分数）主要有：CO（50%～80%）、CO_2（8%～18%）、H_2（1.0%～2.0%）、O_2（1%～1.5%）。转炉煤气是一种无色、无味的有剧毒气体，热值为7117～8373kJ/m^3，燃点为600～700℃，煤气中含有50%以上的CO，若发生泄漏极易造成人员中毒。转炉煤气与空气或氧气混合达到爆炸极限时，遇到明火或高温就会发生爆炸，其爆炸极限为12.5%～75%。

1.2.3.3　转炉煤气回收工艺

转炉煤气回收有两种工艺。一种称为OG法，是湿法除尘，也称双文法（两级文氏管）。文氏管是一种变径管，当煤气通过变径管时，由小口径通过大口径，压力能变为动能，速度增加，促进了烟气中的尘粒与水雾接触，尘粒被水雾黏结，实现煤气净化的目的。转炉OG法煤气回收工艺流程如图1-3所示。

另外一种方法称为LT法。LT法是转炉净化的方向，是电除尘。煤气通过烟罩、蒸发冷却器（水蒸气和水喷进去，降低煤气的温度），通过电除尘器除尘，再通过煤气冷却器把温度进一步降下来，再送到煤气柜。干灰密封输送，作为烧结原料。电除尘要严格控制电除尘系统的氧含量，控制煤气柜含氧量不超过2%；转炉LT法控制煤气含氧量不超过1%。转炉LT法煤气回收工艺流程如图1-4所示。

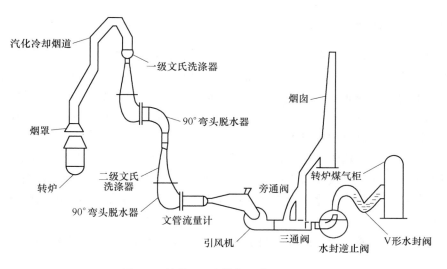

图 1-3 转炉 OG 法煤气回收工艺流程

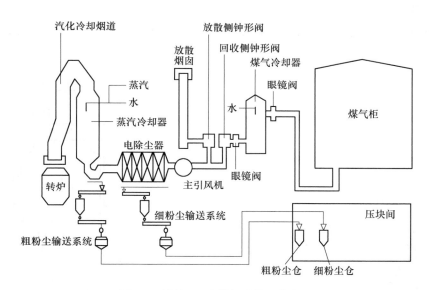

图 1-4 转炉 LT 法煤气回收工艺流程

1.2.3.4 转炉厂址与厂房布置安全要求

（1）转炉煤气回收净化系统的设备、机房、煤气柜以及有可能泄漏煤气的其他构件，应布置在主厂房常年最小频率风向的上风侧。

（2）各单体设备之间以及它们与墙壁之间的净距应不小于 1m。

（3）煤气抽气机室和加压站厂房应符合《工业企业煤气安全规程》（GB 6222—2005）第 8 章的有关规定。抽气机室可设在主厂房内，但应遵守下列规定：

1）主厂房建筑隔断；

2）废气应排至主厂房外。

1.2.4　发生炉煤气生产工艺流程

发生炉煤气是以固体燃料（以煤为主）气化而得到的一种气体，主要用于冶金、机械、陶瓷、玻璃、化工和电子工业等方面，可作燃料气，也可合成原料气。目前，有些矿区及远离城市的工业企业的居民作为民用气（但必须采用安全措施）。使用发生炉煤气后既能消除烟尘污染，改善环境卫生，又能节约能源，提高产品质量和产量，减轻劳动强度，降低经济成本，效果比较显著。

煤的气化过程是一热化学过程，是煤或煤焦与气化剂（空气、氧气、水蒸气、氢等）在高温下发生化学反应将煤或煤焦中有机物转变为煤气的过程。该过程是在高温、高压下进行的一个复杂的多相物理化学过程。通过煤炭气化方法，是获得基本有机化学工业原料的重要途径。

煤气是指气化剂通过炽热固体燃料层时，所含游离氧或结合氧将燃料中的碳转化成可燃性气体。

煤气发生炉整个工艺流程无冷却装置，煤气发生炉气化产生的煤气直接作为燃料气，称热煤气流程。

两段式煤气发生炉工艺简图和煤气发生炉工作原理示意图分别如图 1-5 和图 1-6 所示。

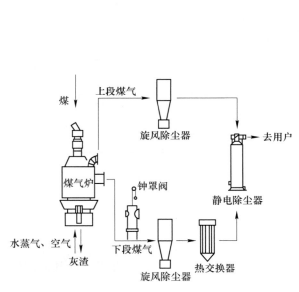

图 1-5　两段式煤气发生炉工艺简图

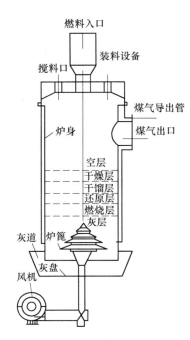

图 1-6　煤气发生炉工作原理示意图

1.2.4.1　发生炉煤气工艺流程的优点

（1）不但利用了煤气燃料热，也利用了煤气的显热，提高了热量利用率。

（2）工艺设备简单，投资少，管理较为简单，安全生产可靠性好。

（3）除水封用水外无其他污水，不需水处理设施，环境污染较轻。

（4）生产费用低。

1.2.4.2 发生炉煤气工艺过程主要化学反应

A 氧化层主要气化反应

氧化层发生的主要气化反应为：

$$C + O_2 \longrightarrow CO_2 + 394.1 MJ/mol \tag{1-3}$$

$$2C + O_2 \longrightarrow 2CO + 220.8 MJ/mol \tag{1-4}$$

在此层中，差不多所有的氧都被消耗，而且只有 CO_2 形成，由于放出大量的热，温度最高，通常为 1100~1200℃。

B 第一还原层

在这一层中，高热气体通过煤层时，发生的反应为：

$$C + H_2O \longrightarrow CO + H_2 - 135.0 MJ/mol \tag{1-5}$$

$$C + H_2O \longrightarrow CO_2 + H_2 - 96.6 MJ/mol \tag{1-6}$$

$$C + CO_2 \rightleftharpoons 2CO - 173.3 MJ/mol \tag{1-7}$$

在第一还原层中水蒸气（H_2O）被还原分解，CO_2 也绝大部分被还原分解，但该层较薄为 100~200mm。由于反应过程为吸热，该层温度有所下降，温度为 800~1100℃。

C 第二还原层

在这层中，进行的反应为：

$$C + CO_2 \longrightarrow 2CO - 173.3 MJ/mol \tag{1-8}$$

$$CO + H_2O \rightleftharpoons CO_2 + H_2 + 38.4 MJ/mol \tag{1-9}$$

此时没有 H_2O 被 C 直接分解，全部还原分解量也不多，在这一层中主要是高热气体将本身之显热传给进入该层的煤。

D 空层

在此层中常发生以下反应，以致减少煤气热值：

$$2CO \longrightarrow CO_2 + C + 162.4 MJ/mol \tag{1-10}$$

由式（1-10）可知，减少的煤气热值，决定于生成气体停留时间及炉顶温度。

发生炉煤气生产工艺流程示意图如图 1-7 所示。

1.2.4.3 发生炉煤气工艺过程相关要求

A 厂址与厂房布置安全要求

（1）发生炉煤气站的设计应符合《发生炉煤气站设计规范》（GB 50195—2013）的规定。

（2）室外煤气净化设备、循环水系统、焦油系统和煤场等建筑物和构筑物，应布置在煤气发生站的主厂房、煤气加压机间、空气鼓风机间等常年最小频率风向的上风侧，并应防止冷却塔散发的水雾对周围造成影响。

（3）新建冷煤气发生站的主厂房和净化区与其他生产车间的防火间距应符合《建筑

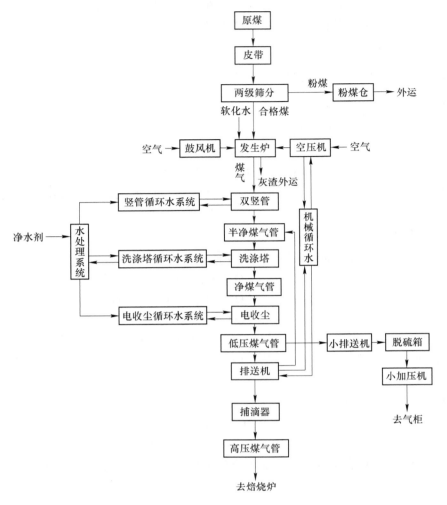

图 1-7　发生炉煤气生产工艺流程示意图

设计防火规范》（GB 50016—2014）的规定。

（4）非煤气发生站的专用铁路、道路不得穿越站区。

（5）煤气发生站区应设有消防车道。附属煤气车间的小型热煤气站的消防车道，可与邻近厂房的消防车道统一考虑。

（6）煤气发生炉厂房与生产车间的距离应符合《建筑设计防火规范》（GB 50016—2014）的有关规定。

（7）煤气加压机与空气鼓风机宜分别布置在单独的房间内，如布置在同一房间，均应采用防爆型电气设备。

B　厂房建筑的安全要求

煤气发生站主厂房的设计应符合下列要求。

（1）主厂房属于乙类生产厂房，其耐火等级不应低于二级。

（2）主厂房为无爆炸危险厂房，但贮煤层应采取防爆措施。当贮煤斗内不可能有煤气漏入时，或贮煤层为敞开或半敞开建筑时，贮煤层属 22 区火灾危险环境。

（3）主厂房各层应设有安全出口。

煤气站其他建筑应符合下列要求。

（1）煤气加压机房、机械房应遵守相关规定。

（2）焦油泵房、焦油库属于 21 区火灾危险环境。

（3）煤场属于 23 区火灾危险环境。

（4）贮煤斗室、破碎筛分间、运煤皮带通廊属于 22 区火灾危险环境。

（5）煤气管道排水器室属于有爆炸危险的乙类生产厂房，应通风良好，其耐火等级不应低于二级。

煤气发生站中央控制室应设有调度电话和一般电话，并设有煤气发生炉进口饱和空气压力计、温度计、流量计、煤气发生炉出口煤气压力计、温度计、煤气高低压和空气低压报警装置、主要自动控制调节装置、连锁装置及灯光信号等。

C　设备结构安全要求

（1）煤气发生炉炉顶设有探火孔的，探火孔应有汽封，以保证从探火孔看火及插杆时不漏煤气。

（2）带有水夹套的煤气炉设计、制造、安装和检验应遵守现行有关锅炉压力容器的安全管理规定。

（3）煤气发生炉水夹套的给水规定，要遵照《发生炉煤气站设计规范》（GB 50195—2013）执行。

（4）水套集汽包应设有安全阀、自动水位控制器，进水管应设止回阀，严禁在水夹套与集汽包连接管上加装阀门。

（5）煤气发生炉的进口空气管道上，应设有阀门、止回阀和蒸汽吹扫装置。空气总管末端应设有泄爆装置和放散管，放散管应接至室外。

（6）煤气发生炉的空气鼓风机应有两路电源供电。两路电源供电有困难的，应采取安全措施防止停电。

（7）从煤气发生炉引出的煤气管道应有隔断装置，若采用盘形阀，其操作绞盘应设在煤气发生炉附近便于操作的位置，阀门前应设有放散管。

（8）以烟煤气化的煤气发生炉与竖管或除尘器之间的接管，应有消除管内积尘的措施。

（9）新建、扩建的煤气发生炉后的竖管、除尘器顶部或煤气发生炉出口管道，应设能自动放散煤气的装置。

电捕焦油器应符合下列规定。

（1）电捕焦油器入口和洗涤塔后应设隔断装置。

（2）电捕焦油器应设泄爆装置，并应定期检查。

（3）电捕焦油器应在下列任一情况发生时，能及时切断电源的装置：

1）煤气含氧量达 1%；

2）煤气压力低于 50Pa；

3）绝缘保温箱的温度低于规定温度（一般不低于煤气入口温度加 25℃）。

（4）电捕焦油器应设放散管、蒸汽管。

（5）电捕焦油器底部应设保温或加热装置。

（6）电捕焦油器沉淀管间应设带阀门的连接管。

（7）抽气机出口与电捕焦油器之间应设避震器。

每台煤气发生炉的煤气输入网络（或加压）前应进行含氧量分析，含氧量大于 1% 时，禁止并入网络。

连续式机械化运煤和排渣系统的各机械之间应有电气联锁。

煤气发生炉加压机前后设备水封或油封的有效高度应遵守《工业企业煤气安全规程》（GB 6222—2005）的规定。

钟罩阀内放散水封的有效高度，应等于煤气发生炉出口最高工作压力水柱高度加 50mm。

D　气密性试验

煤气净化设备气密性试验与管道系统相同，应遵守有关规定。

1.2.5　铁合金炉煤气生产工艺流程

铁合金电炉是冶炼铁合金的主要设备，铁合金电炉分为还原电炉和精炼电炉两类。还原电炉又称埋弧电炉或矿热电炉，采取电极插入炉料的埋弧操作，还原电炉有敞口、封闭（或半封闭），炉体有固定、旋转等各种形式。精炼电炉用于精炼中碳、低碳、微碳铁合金。电炉容量一般为 1500～6000kVA，采用敞口固定或带盖倾动形式。前者类似还原电炉，可配备连续自焙电极；后者类似电弧炼钢炉，使用石墨或炭质电极。

1.2.5.1　铁合金电炉简介

铁合金电炉分为还原电炉和精炼电炉两类。

还原电炉又称埋弧电炉或矿热电炉，炉体旋转可以消除悬料，减少结壳"刺火"使布料均匀，反应区扩大，以利炉况顺行。电炉容量在 20 世纪 50 年代以前，一般从几百千伏·安至一万千伏·安，后来逐渐向大型化发展。20 世纪 70 年代，新建电炉一般为 20000～40000kVA，最大的封闭式电炉达 75000kVA，最大的半封闭炉达 96000kVA。

现代铁合金电炉一般为圆形炉体，配备三根电极。大型锰铁电炉有采用矩形多电极的。大型硅铁电炉有些装备旋转机构，炉体以 30～180h 旋转 360° 的速度沿水平方向旋转或往复摆动。封闭电炉设置密封的炉盖，半封闭电炉在烟罩下设有可调节开启度的操作门，以控制抽入空气量和烟气温度。

电极系统广泛采用连续自焙电极，最大的直径可达 2000mm，有的还做成中空式。连续自焙电极由薄钢板电极壳和电极糊组成，在运行中电极糊利用电流通过时产生的热量和炉热的传导辐射自行焙烧。随着电极的消耗，电极壳要相应逐节焊接，并向壳内充填电极糊。电极把持器由接触颊板（导电铜瓦）、铜管和把持环等构件组成，它的作用是将电流输向电极，并将电极夹持在一定的高度上，还可以调节电极糊的烧结状态。电极升降和压放装置吊挂着整根电极，用以调整电极插入深度。

从变压器低压侧到电极把持器的馈电线路通称短网，是一段大截面的导体，用以输送大电流至炉内。大型电炉变压器的二次绕组多数通过短网在电极上完成三角形接线。整个网络由硬母线束、软母线束和铜管组成。

精炼电炉用于精炼中碳、低碳、微碳铁合金。电炉容量一般为 1500~6000kVA，采用敞口固定或带盖倾动形式。前者类似还原电炉，可配备连续自焙电极；后者类似电弧炼钢炉，使用石墨或炭质电极。

1.2.5.2 铁合金电炉煤气作业

铁合金还原电炉生产过程中产生大量煤气。用敞口电炉生产时，煤气遇空气燃烧成为烟气，量大尘多，既难净化，又不利于能量回收，长期污染环境，形成公害并造成能量损失。20 世纪 70 年代以来，为了保护环境和节约能源，铁合金还原电炉逐渐由敞口电炉改为封闭或半封闭电炉。冶炼锰铁、铬铁等铁合金用封闭电炉，冶炼需要料面操作的铁合金（硅铁、金属硅等），则用半封闭电炉。

封闭电炉设置密封的炉盖和泄爆装置，产生的煤气于未燃状态引出，导入煤气净化设施净化回收。煤气发生过程连续稳定，煤气体积只有敞口电炉烟气体积的 1%~2%。因此煤气净化设备小，组合简单，净化操作便利。煤气净化一般采用湿法工艺。煤气含 CO、H_2、CH_4 等有效燃料成分约占气体体积的 80%，主要以 CO 居多，发热值为 2100~2400kcal/m^3（1kcal=4.184kJ）。

为了治理硅铁电炉的烟气，将敞口电炉的高烟罩改为矮烟罩，后来发展为半封闭电炉，能控制烟气量便于净化和回收热能。装设余热锅炉时，回收的热量可达电炉总耗能量的 30% 或总耗电量的 65%，如用于发电可回收电能约 20%。烟气净化一般采用干法工艺。

硅锰铁合金电炉在冶炼生产过程中排出大量的高温含尘烟气，烟尘主要成分是 MnO 和 SiO_2，烟尘粒径大部分小于 5μm。因此，如果不采取有效的烟气净化，这种含微细粒径的含尘烟气对室内外环境和人体健康危害很大，并影响铁合金周围的大气环境和员工的身心健康。所以，无论从环保效益还是社会效益，治理好硅锰矿热炉烟气都具有极其重要的意义。

2 煤气作业设备设施安全技术

2.1 煤气管道的结构与施工

2.1.1 煤气管道的结构与施工安全要求

（1）煤气管道和附件的连接可采用法兰、螺纹，其他部位应尽量采用焊接。

（2）煤气管道的垂直焊缝距支座边端应不小于300mm，水平焊缝应位于支座的上方。

（3）煤气管道应采取消除静电和防雷的措施。

2.1.2 煤气管道敷设安全要求

2.1.2.1 架空煤气管道的敷设

煤气管道应架空敷设。若架空有困难，可埋地敷设，但应遵守相关规定。

CO含量较高的（如发生炉煤气、水煤气、半水煤气、高炉煤气和转炉煤气等）管道，不应埋地敷设。

A 煤气管道架空敷设安全规定

煤气管道架空敷设应遵守下列安全规定。

（1）应敷设在非燃烧体的支柱或栈桥上。

（2）不应在存放易燃易爆物品的堆场和仓库区内敷设。

（3）不应穿过不使用煤气的建筑物、办公室、进风道、配电室、变电所、碎煤室以及通风不良的地点等。若需要穿过不使用煤气的其他生活间，应设有套管。

（4）架空管道靠近高温热源敷设以及管道下面经常有装载炽热物件的车辆停留时，应采取隔热措施。

（5）在寒冷地区可能造成管道冻塞时，应采取防冻措施。

（6）在已敷设的煤气管道下面，不应修建与煤气管道无关的建筑物和存放易燃、易爆物品。

（7）在索道下通过的煤气管道，其上方应设防护网。

（8）厂区架空煤气管道与架空电力线路交叉时，煤气管道如敷设在电力线路下面，应在煤气管道上设置防护网及阻止通行的横向栏杆，交叉处的煤气管道应可靠接地。

（9）架空煤气管道根据实际情况确定倾斜度。

（10）通过企业内铁路调车场的煤气管道不应设管道附属装置。

B 架空煤气管道与其他管道共架敷设安全规定

架空煤气管道与其他管道共架敷设时，应遵守下列安全规定。

（1）煤气管道与水管、热力管、燃油管和不燃气体管在同一支柱或栈桥上敷设时，其上下敷设的垂直净距不宜小于 250mm。

（2）煤气管道与在同一支架上平行敷设的其他管道的最小水平净距应符合相关规定。

（3）与输送腐蚀性介质的管道共架敷设时，煤气管道应架设在上方，对于容易漏气、漏油、漏腐蚀性液体的部位如法兰、阀门等，应在煤气管道上采取保护措施。

（4）与氧气和乙炔气管道共架敷设时，应遵守《深度冷冻法生产氧气及相关气体安全技术规程》（GB 16912—2008）的有关规定和乙炔站设计规范的有关规定。

（5）油管和氧气管宜分别敷设在煤气管道的两侧。

（6）与煤气管道共架敷设的其他管道的操作装置，应避开煤气管道法兰、闸阀、翻板等易泄漏煤气的部位。

（7）在现有煤气管道和支架上增设管道时，应经过设计计算，并取得煤气设备主管单位的同意。

（8）煤气管道和支架上不应敷设动力电缆、电线，但供煤气管道使用的电缆除外。

（9）其他管道的托架、吊架可焊在煤气管道的加固圈上或护板上，并应采取措施，消除管道不同热膨胀的相互影响，但不应直接焊在管壁上。

（10）其他管道架设在管径大于或等于 1200mm 的煤气管道上时，管道上面宜预留 600mm 的通行道。

C　架空煤气管道与铁路、道路、其他管线交叉时的最小垂直安全净距

架空煤气管道与铁路、道路、其他管线交叉时的最小垂直净距，应符合以下安全相关规定。

（1）大型企业煤气输送主管管底距地面净距不宜低于 6m，煤气分配主管不宜低于 4.5m，山区和小型企业可以适当降低。

（2）新建、改建的高炉脏煤气、半净煤气、净煤气总管一般架设高度：管底至地面净距不低于 8m（如该管道的隔断装置操作时不外泄煤气，可低至 6m），小型高炉脏煤气、半净煤气、净煤气总管可低至 6m。

（3）新建焦炉冷却及净化区室外煤气管道的管底至地面净距不小于 4.5m，与净化设备连接的局部管段可低于 4.5m。

（4）水煤气管道在车间外部，管底距地面净空一般不低于 4.5m，在车间内部或多层厂房的楼板下敷设时可以适当降低，但要有通风措施，不应形成死角。

D　架设在厂房墙壁外侧或房顶的煤气分配主管安全规定

煤气分配主管可架设在厂房墙壁外侧或房顶，但应遵守下列安全规定。

（1）沿建筑物的外墙或房顶敷设时，该建筑物应为一、二级耐火等级的丁、戊类生产厂房。

（2）安设于厂房墙壁外侧上的煤气分配主管底面至地面的净距不宜小于 4.5m，并便于检修。与墙壁间的净距满足：管道外径大于或等于 500mm 的净距为 500mm；外径小于 500mm 的净距等于管道外径，但不小于 100mm，并尽量避免挡住窗户。管道的附件应安在两个窗口之间。穿过墙壁引入厂房内的煤气支管，墙壁应有环形孔，不准紧靠墙壁。

（3）在厂房顶上装设分配主管时，分配主管底面至房顶面的净距一般不小于 800mm；外径 500mm 以下的管道，当用填料式或波形补偿器时，管底至房顶的净距可缩短至 500mm。此外，管道距天窗不宜小于 2m，并不得妨碍厂房内的空气流通与采光。

E　地沟内敷设煤气管道安全规定

厂房内的煤气管道应架空敷设。在地下室不应敷设煤气分配主管，若生产上必须敷设时，应采取可靠的防护措施。

厂房内的煤气管道架空敷设有困难时，可敷设在地沟内，并应遵守下列规定。

（1）沟内除敷设供同一炉的空气管道外，禁止敷设其他管道及电缆。

（2）地沟盖板宜采用坚固的炉箅式盖板。

（3）沟内的煤气管道应尽可能避免装置附件、法兰盘等。

（4）沟的宽度应便于检查和维修，进入地沟内工作前，应先检查空气中的一氧化碳浓度。

（5）沟内横穿其他管道时，应把横穿的管道放入密闭套管中，套管伸出沟两壁的长度不宜小于200mm。

（6）应防止沟内积水。

F　其他安全规定

（1）煤气分配主管上支管引接处（热发生炉煤气管除外）必须设置可靠的隔断装置。

（2）车间冷煤气管的进口设有隔断装置、流量传感元件、压力表接头、取样嘴和放散管等装置时，其操作位置应设在车间外附近的平台上。

（3）热煤气管道应设有保温层，热煤气站至最远用户之间热煤气管道的长度，应根据煤气在管道内的温度降和压力降确定，但不宜超过80m。

（4）热煤气管道的敷设应防止由于热应力引起的焊缝破裂，必要时，管道设计应有自动补偿能力或增设管道补偿器。

（5）不同压力的煤气管道连通时，必须设可靠的调压装置。不同压力的放散管必须单独设置。

2.1.2.2　地下煤气管道的敷设

工业企业内的地下煤气管道的埋设深度，与建筑物、构筑物或相邻管道之间的最小水平和垂直净距，以及地下管道的埋设和通过沟渠等的安全要求，应遵守《城镇燃气设计规范》（GB 50028—2006）的有关规定。

管道应视具体情况考虑是否设置排水器，若设置排水器，则排出的冷凝水应集中处理。

地下管道排水器、阀门及转弯处，应在地面上设有明显的标志。与铁路和道路交叉的煤气管道，应敷设在套管中，套管两端伸出部分，距铁路边轨不少于3m，距有轨电车边轨和距道路路肩不少于2m。

地下管道法兰应设在阀门井内。

2.1.3　煤气管道的防腐要求

架空管道：钢管制造完毕后，内壁（设计有要求者）和外表面应涂刷防锈涂料。管道安装完毕试验合格后，全部管道外表面应再涂刷防锈涂料。管道外表面每隔4~5年应重新涂刷一次防锈涂料。

埋地管道：钢管外表面应进行防腐处理，并遵守相关规定。在表面防腐蚀的同时，根据不同的土壤，宜采用相应的阴极保护措施。

铸铁管道外表面可只浸涂沥青。同时，应定期测定煤气管道管壁厚度，建立管道防腐档案。

2.1.4 煤气管道的试验要求

煤气管道的计算压力等于或大于 $10^5 Pa(1.02×10^5 mmH_2O)$ 时，应进行强度试验，合格后再进行气密性试验。计算压力小于 $10^5 Pa(1.02×10^5 mmH_2O)$ 时，可只进行气密性试验。

2.1.4.1 煤气管道的计算压力

煤气管道的计算压力应符合下列规定。

（1）常压煤气发生炉出口至煤气加压机前的管道和热煤气发生炉输送管道，计算压力为发生炉出口自动放散装置的设定压力，也等于最大工作压力。

（2）水煤气发生炉进口管道计算压力等于气化剂进入炉底内的最大工作压力，水煤气出口管道计算压力等于炉顶的最大工作压力。

（3）常压高炉至半净煤气总管管道计算压力等于高炉炉顶的最大工作压力，净煤气总管及以后管道计算压力等于过剩煤气自动放散装置的最大设定压力，净高炉煤气管道系统设有自动煤气放散装置时，计算压力等于高炉炉顶的正常压力。

高压高炉至减压阀组前管道设计压力等于高炉炉顶的最大工作压力，减压阀组后煤气管道的设计压力等于煤气自动放散装置的最大设定压力。

（4）焦炉煤气或直立连续式炭化炉煤气抽气管的煤气计算压力等于煤气抽气机所产生最大负压力的绝对值，净煤气管道计算压力等于煤气自动放散装置的最大设定压力，净煤气管道系统没有自动放散装置时，计算压力等于抽气机最大工作压力。

（5）转炉煤气抽气机前煤气管道计算压力等于煤气抽气机产生的最大负压力的绝对值。

（6）煤气加压机（抽气机）入口前管道的计算压力等于剩余煤气自动放散装置的最大设定压力；煤气加压机（抽气机）出口后煤气管道的计算压力等于加压机（抽气机）入口前的管道计算压力加压机（抽气机）最大升压。

（7）天然气管道计算压力为最大工作压力。

（8）混合煤气管道的计算压力按混合前较高的一种管道压力计算。

2.1.4.2 煤气管道试验规定

煤气管道可采用空气或氮气做强度试验和气密性试验，并应做生产性模拟试验。煤气管道的试验，应遵守下列规定。

（1）管道系统施工完毕，应进行检查，并应符合有关规定。

（2）对管道各处连接部位和焊缝，经检查合格后，才能进行试验，试验前不得涂漆和保温。

（3）试验前应制定试验方案，附有试验安全措施和试验部位的草图，征得安全部门同意后才能进行。

（4）各种管道附件、装置等，应分别单独按照出厂技术条件进行试验。

（5）试验前应将不能参与试验的系统、设备、仪表及管道附件等加以隔断；安全阀、泄爆阀应拆卸，设置盲板部位应有明显标记和记录。

（6）管道系统试验前，应用盲板与运行中的管道隔断。

（7）管道以闸阀隔断的各个部位，应分别进行单独试验，不应同时试验相邻的两段；在正常情况下，不应在闸阀上堵盲板，管道以插板或水封隔断的各个部位，可整体进行试验。

（8）用多次全开、全关的方法检查闸阀、插板、蝶阀等隔断装置是否灵活可靠；检查水封、排水器的各种阀门是否可靠；测量水封、排水器水位高度，并把结果与设计资料相比较，记入文件中。排水器凡有上、下水和防寒设施的，应进行通水、通蒸汽试验。

（9）清除管道中的一切脏物、杂物，放掉水封里的水，关闭水封上的所有阀门，检查完毕并确认管道内无人，关闭人孔后，才能开始试验。

（10）试验过程中如遇泄漏或其他故障，不应带压修理，测试数据全部作废，待正常后重新试验。

2.1.4.3　煤气管道强度试验规定

架空管道气压强度试验的压力应为计算压力的 1.15 倍，压力应逐级缓升，首先升至试验压力的 50%，进行检查，如无泄漏及异常现象，继续按试验压力的 10% 逐级升压，直至达到所要求的试验压力。每级稳压 5min，以无泄漏、目测无变形等为合格。埋地煤气管道强度试验的试验压力为计算压力的 1.5 倍。

2.1.4.4　架空煤气管道严密性试验规定

架空煤气管道经过检查符合规定后，进行严密性试验。试验压力如下：

（1）加压机前的室外管道为计算压力加 $5 \times 10^3 Pa$（510mmH_2O），但不小于 $2 \times 10^4 Pa$（2040mmH_2O）；

（2）加压机前的室内管道为计算压力加 $1.5 \times 10^4 Pa$（1530mmH_2O），但不小于 $3 \times 10^4 Pa$（3060mmH_2O）；

（3）位于抽气机、加压机后的室外管道应等于加压机或抽气机最大升压加 $2 \times 10^4 Pa$（2040mmH_2O）；

（4）位于抽气机、加压机后的室内管道应等于加压机或抽气机最大升压加 $3 \times 10^4 Pa$（3060mmH_2O）；

（5）常压高炉［炉顶压力小于 $3 \times 10^4 Pa$（3060mmH_2O）者为常压高炉］的煤气管道（包括净化区域内的管道）为 $5 \times 10^4 Pa$（5100mmH_2O），高压高炉减压阀组前的煤气管道为炉顶工作压力的 1.0 倍，减压阀组后的净煤气总管压力为 $5 \times 10^4 Pa$（5100mmH_2O）；

（6）常压发生炉脏煤气、半净煤气管道为炉底最大送风压力，但不得低于 $3 \times 10^3 Pa$（306mmH_2O）；

（7）转炉煤气抽气机前气冷却、净化设备及管道为计算压力加 $5 \times 10^3 Pa$（510mmH_2O）。

2.1.4.5　地下煤气管道气密性试验规定

试验前应检查地下管道的坐标、标高、坡度、管基和垫层等是否符合设计要求，试验用的临时加固措施是否安全可靠；对于仅需做气密性试验的地下煤气管道，在试验开始之前，应采用压力与气密性试验压力相等的气体进行反复试验，及时消除泄漏点，然后正式进行试验。

长距离煤气管道做气密性试验时，应在各段气密性试验合格后，再做一次整体气密性试验。

地下煤气管道应将土回填至管顶 50cm 以上，为使管道中的气体温度和周围土壤温度一致，需停留一段时间后才能开始气密性试验，停留时间应遵守有关规定。

2.2　煤气设备与管道附属装置

2.2.1　隔断装置安全技术

隔断装置是指凡在系统无异常情况下，处于关闭、封止状态，其承受介质压力在设计允许范围，具有煤气不泄漏到被隔离区域功能的装置。

凡经常检修的部位应设可靠的隔断装置。

焦炉煤气、发生炉煤气、水煤气（半水煤气）管道的隔断装置不应使用带铜质部件。寒冷地区的隔断装置，应根据当地的气温条件采取防冻措施。

2.2.1.1　煤气管道隔断装置的基本要求

（1）安全可靠。生产操作中需要关闭时能保证严密不漏气，检修时切断煤气来源，没有漏入停气一侧的可能性。

（2）操作灵活。煤气切断装置应能快速完成开、关动作，适应生产变化的要求。

（3）便于控制。煤气切断装置须适应现代化企业集中自动化控制操作。

（4）经久耐用。配合煤气管道使用的煤气隔断装置必须考虑耐腐蚀、耐磨损保证的使用寿命。

（5）维修方便。煤气切断装置在日常维护中便于检查，可采取预防或补救措施。

（6）避免干扰。煤气切断装置的开关操作应不妨碍周围环境（如冒煤气），也不受外来因素干扰（如停水、停电、停蒸汽等）无法进行操作或使功能失效。

2.2.1.2　煤气管道隔断装置

A　插板

插板是可靠的隔断装置。安设插板的管道底部离地面的净空距为：金属密封面的插板不小于 8m；非金属密封面的插板不小于 6m。在煤气不易扩散地区须适当加高，封闭式插板的安设高度可适当降低。

而密封预压式插板阀，虽然操作时煤气不会向操作空间泄出和扩散，但如果单独使用出现操作失误，在阀体动作的瞬间，因煤气流动速度过大，易造成阀板密封面的损坏和产生静电，从而引发密封阀腔内混入气体产生危险。

B　水封

水封使用较普遍，因其制作、操作和维护均较方便。水封装在其他隔断装置之后并用时，才是可靠的隔断装置。

水封有 V 形水封、U 形水封和罐形水封。水封的结构简单，对其要求为：

（1）应设计有较大的给水能力，以便能在短时间内封止，一般要求 5~10min 内灌满；

（2）设计时需注意给水管和溢流管上都要有防止煤气泄出或倒窜入水管的 U 形管；

（3）给水管上要设逆止阀（止回阀）；

（4）其封止有效高度应符合规程要求，即为煤气计算压力至少加 500mm；

（5）使用时始终保持溢流状态，并设专人监视；

（6）水封阀前应设一般隔断装置，并在两者之间设放散管；

（7）禁止将排水管、溢流管直接插入下水道；

（8）水封下部侧壁上应安设清扫孔和放水头；

（9）U 形水封两侧应安设放散管、吹扫用的进气头和取样管。

V 形水封结构图如图 2-1 所示。

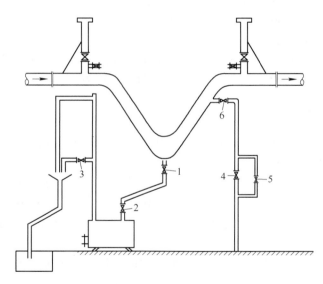

图 2-1　V 形水封结构图

1——一次阀；2—二次阀；3—连通阀；4—进水阀；5—旁通阀；6—进水二次阀

C　NK 阀（NK 水封阀）

NK 阀作为切断装置，有的类型具有截止阀的作用，也能起到 V 形水封阀的作用。其具有以下优点：

（1）在 NK 阀煤气进出口两端采用氯丁二烯或氟橡胶作密封圈，因两次（端）密封，压力使阀板密封圈与阀座紧密贴合，所以通常就可以切断煤气，必要时在阀内通水使之溢流可以起到 V 形水封阀相同的作用，可以完全可靠地切断煤气；

（2）NK 阀有气动和电动两种，可以进行远距离操作控制，也有手动操作装置，可以就地进行操作，操作控制比较方便，操作速度快；

（3）NK 阀比 V 形水封阀占空间小，比同直径的闸阀轻；

（4）通水切断时用水少，减少供排水投资；

（5）NK 阀通水切断煤气时能起到相当于盲板的作用，安全可靠，操作简便，不影响其他用户生产。

非注水型 NK 阀不能作为可靠的隔断装置，只能和水封、插板、眼镜阀等并用时才是可靠的隔断装置。NK 阀的公称压力应高于煤气总体气密性试验压力。NK 阀在安装前，应重新按出厂技术要求进行气密性试验，合格后才能安装。

NK 阀结构图如图 2-2 所示。

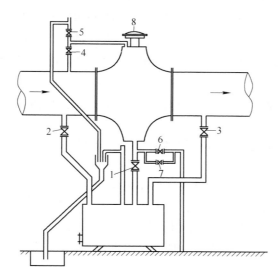

图 2-2　NK 阀结构图

1—NK 阀上的排水阀；2，3—排水器上的排水阀；4—放散阀；
5—溢流阀；6—上水阀；7—旁通阀；8—NK 控制阀

D　眼镜阀和扇形阀

眼镜阀和扇形阀不宜单独使用，应设在密封蝶阀或闸阀后面。

敞开眼镜阀和扇形阀应安设在厂房外，如设在厂房内，应离炉子 10m 以上。

E　密封蝶阀

密闭蝶阀有三杆型密闭蝶阀、弹簧压紧密封蝶阀等，它比闸阀轻巧简单。使用时应注意以下几点。

（1）单独使用密闭蝶阀不能作为可靠的隔断装置，只有和水封、插板、眼镜阀等并用时才是可靠的隔断装置。

（2）使用时应符合下列要求：

1）密闭蝶阀的公称压力应高于煤气总体气密性试验压力；

2）单向流动的密闭蝶阀，在安装时应注意使煤气的流动方向与阀体上的箭头方向一致；

3）轴头上应有开、关程度的标志。

密封蝶阀的缺点是不能承受大的压力，且易发生故障。

还有一种蝶阀称为调节蝶阀，是调节煤气量大小的一种装置，一般用于混合站和流量计的后管道上，分别可以手动、自动和接至计算机进行控制煤气的使用流量。调节蝶阀与密闭蝶阀不同，它的作用不在断流，而在节流，阀板和阀壳通常保留 0.25% 的间隙。蝶阀节流的最佳调节位置是 45°±5°，蝶阀开启 60° 是通过最大流量的 90%，超过 70° 调节作用就不太明显。

F　旋塞

旋塞一般用于需要快速隔断的支管上，旋塞的头部应有明显的开关标志。

焦炉的交换旋塞和调节旋塞应用 $2 \times 10^4 Pa$（$2040 mmH_2O$）的压缩空气进行气密性试验，经 30min 后压降不超过 $5 \times 10^2 Pa$（$51 mmH_2O$）为合格。试验时，旋塞密封面可涂稀油（50 号机油为宜），旋塞可与 0.03m³ 的风包相接，用全开和全关两种状态试验。

G　闸阀

闸阀是比较常见的煤气隔断装置，但单独不能作为可靠的隔断装置使用，使用时要注意以下几点：

（1）单独使用闸阀不能作为可靠的隔断装置，在其后安装盲板即可达到可靠隔断煤气的目的；

（2）所有闸阀的耐压强度应超过煤气总体试验的要求；

（3）煤气管道上使用的明杠闸阀，其手轮上应有"开"或"关"的字样和箭头，螺杆上应有保护套，在实际工作中，螺杆儿上应涂一些油脂；

（4）闸阀在安装前，应重新按出厂技术要求进行气密性实验，合格后才能安装。

H　盘形阀（或钟形阀）

盘形阀单独不能作为可靠隔断装置使用。

盘形阀多用于煤气高温、高含尘量的地点，如高炉煤气干式除尘顶部安装的隔断阀即为盘形阀。盘形阀的使用应符合下列要求：

（1）拉杆在高温影响下不歪斜，拉杆与阀盘（或钟罩）的连接应使阀盘（或钟罩）不致歪斜或卡住；

（2）拉杆穿过阀外壳的地方，应有耐高温的填料盒。

I　盲板

盲板主要是用于煤气设施检修或扩建延伸的部位，是可靠切断装置。一般要求安装在切断装置之后，便于不带煤气抽、堵盲板作业。

煤气管道的盲板分为固定盲板和活动盲板两种。

固定盲板分焊接盲板和螺栓固定盲板。焊接盲板又称内焊堵板，指管道末端利用焊接的办法将管道封堵；螺栓盲板指盲板周围有螺孔，用螺栓与法兰连接，其间有衬垫材料密封。

活动盲板是根据生产需要进行抽出和封堵的短期使用盲板。

活动盲板的制作方法如下：

（1）活动盲板为了便于吊挂，应在制作时留有方形手柄，柄根不影响螺栓穿孔，柄颈以露出法兰为度，柄上打印盲板直径及厚度，以便于存放和使用；

（2）盲板应用钢板制成，并无砂眼，两面光滑，边缘无毛刺。盲板尺寸应与法兰有正确的配合，盲板的厚度根据使用目的经计算后确定。

抽堵盲板时必须在法兰两侧设置撑铁，以便用千斤顶顶开法兰抽堵盲板。

J 双板切断阀（平行双闸板切断阀、NK 阀）

阀腔注水型且注水压力至少为煤气计算压力加 5000Pa，并能全闭到位，保证煤气不泄漏到被隔断的一侧。双板切断阀是可靠的隔断装置。

非注水型双板切断阀应符合相关规定。隔断装置失效是煤气事故的主要因素。

2.2.2 放散装置安全技术

煤气管线的放散管是煤气重要的附属装置，根据作用不同，煤气放散管可分为过剩放散管、吹刷放散管和防止事故发生的应急放散管。

2.2.2.1 过剩煤气放散管

过剩放散管也称为调压煤气放散管，应安装在净煤气管道上。

过剩煤气放散管应控制放散，其管口高度应高出周围建筑物，一般距离地面不小于50m，山区可适当加高，所放散的煤气应点燃，并有灭火设施。

经常排放水煤气（包括半水煤气）的放散管，管口高度应高出周围建筑物，或安装在附近最高设备的顶部，且设有消声装置。

2.2.2.2 吹刷煤气放散管

吹刷煤气放散管按管口形式分为直管形、"T"字形、"伞"字形和弯管形，如图 2-3 所示。

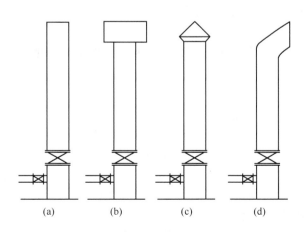

图 2-3 吹刷煤气放散管管口类型

（a）直管形放散管；（b）"T"字形放散管；（c）伞字形放散管；（d）弯管形放散管

吹刷煤气（置换）放散管是煤气设备和煤气管道转换时的吹散装置，作用是使设备和管道内部或者存放煤气或者存放空气而不存在两者混合的爆炸性气体。煤气管道内部的介质置换时为保证安全都必须经过吹刷，使管道内部存放煤气或者空气，而不是二者混合的爆炸性气体。置换介质用氮气或蒸汽，用氮气作置换介质的吹刷用气量一般为煤气管道容积的 3~5 倍。

下列位置应安设放散管：

（1）煤气设备和管道的最高处；

（2）煤气管道以及卧式设备的末端；

（3）煤气设备和管道隔断装置的前后以及管道易积累而吹不尽的部位；

（4）煤气设备和管道隔断装置前，管道网隔断装置前后支管闸阀在煤气总管旁 0.5m 内可不设放散管，但超过 0.5m 时，应设放气头。

厂房内或距厂房 20m 以内的煤气管道和设备上的放散管，管口应高出房顶 4m。厂房很高，放散管又不经常使用，其管口高度可适当减低，但应高出煤气管道、设备和走台 4m，离地面不小于 10m。不应在厂房内或向厂房内放散煤气。

放散管口应采取防雨、防堵塞措施。放散管根部应焊加强筋，上部用挣绳固定。放散管的闸阀前应装有取样管。煤气设施的放散管不应共用，放散气集中处理的除外。

2.2.2.3　应急自动放散管

应急自动放散管是全自动控制于管网煤气压力。连锁管网压力（模拟量）超标时，放散执行机构启动，放散执行机构的开度是根据母管压力自动调整的，当系统恢复正常时，装置自动停止。

2.2.3　冷凝物排水器安全技术

2.2.3.1　排水器的作用

排水器的作用是排除煤气管道设备中的冷凝物。排水器又称冷凝液排除器、水槽，其应安装在以下部位：

（1）煤气管道及设备的最低点或因安装孔板等阻挡水流的地点应设排水管，但不一定安装排水器；

（2）其他需要排水的部位。

2.2.3.2　排水器的工艺要求

（1）煤气管道的冷凝液排放头应设集液漏斗，与下水管法兰或阀门连接，以备必要时切断。

（2）应尽量避免排水口与排水器垂直连接，以免排水器基础下沉时给煤气管道增加局部荷载，对管道伸缩也有影响。

（3）在下水管与排水器的连接处应设阀门，以便清扫排水器切断煤气。

（4）下水管的下部阀门上方安装带阀门的试验管头做排水工况的日常检查使用。

（5）排水器应设有清扫孔和放水闸阀或旋塞，每只排水器均应设有检查管头，排水器的满流管口应设漏斗，排水器装有给水管的应通过漏斗给水。

（6）复式排水器的溢流口不得低于前室溢流口，以便必要时从后部补水。

（7）排水器的溢流管应与受水漏斗端面保持一定间隙，以便水汽散发，禁止将溢流管延伸至下水道，防止出现虹吸。

（8）冬季寒冷的地区从集液漏斗的下方应有保温措施。使用蒸汽采暖时可将排水器设于专门的室内，设在室内，应有良好的自然通风；也可以放置露天，但应注意设备下部的采暖；如果通气直接加热排水，应防止出现真空和虹吸现象。

（9）冷凝液中含有害物质超过排放标准时应就近设积水池，定时抽运到处理场。一般焦炉煤气、混合煤气冷凝液送焦化脱酚设施集中处理，其他煤气的冷凝液经稀释后即可排放。

（10）共架管道的公用排水器，水封高度以最高介质压力的煤气计算压力为准，排水按污染较重的煤气冷凝物考虑。

（11）排水器之间的距离一般为 200~250m，排水器水封的有效高度应至少为煤气计算压力加 500mm。

（12）高压高炉从剩余煤气放散管或减压阀组算起，300m 以内的厂区净煤气总管排水器水封的有效高度应不小于 3000mm。

（13）煤气管道的排水管宜安装闸阀或旋塞，排水管应加上下两道阀门。

（14）两条或两条以上的煤气管道及同一煤气管道隔断装置的两侧，应单独设置排水器。若设同一排水器，其水封有效高度按最高压力计算。

（15）排水器是事故常发部位。有人值守的值班室、操作室等不应设在排水器旁，排水器应有明显的警告标志，排水器的满流管口应保持溢流。

2.2.4　燃烧装置安全技术

2.2.4.1　燃烧装置分类

根据煤气与空气的混合形式以及燃烧机理，可将烧嘴分为扩散式（后混式或有焰烧嘴）和预混合式（或无焰烧嘴）。

A　扩散式（后混式或有焰烧嘴）

（1）煤气与空气预先不混合，而是边混合边燃烧。

（2）如果燃料中含有碳氢化合物，容易热分解产生固体碳粒，燃烧时可以看到明亮的火焰。

（3）可以把煤气与空气预热到较高温度，不受着火温度限制。

（4）混合不好容易造成不完全燃烧，因此空气消耗系数高。应注意调节一次空气、二次空气的比例与速度。

（5）适用于低压、低发热值煤气，如高炉煤气、发生炉煤气。

B　预混合式（或无焰烧嘴）

（1）煤气与空气在燃烧之前预先混合，再进入炉内。由于较快燃烧，碳氢化合物来不及热分解，没有或少有游离碳粒，看不到明亮火焰或火焰很短。

（2）只需较少的过剩空气（$N = 1.03 \sim 1.05$）就可以完全燃烧。

（3）燃烧强度大，炉子烧嘴不大但多。

（4）煤气与空气不能预热到过高温度，否则会发生回火现象，一般限制混合后温度在 400~500℃。

（5）煤气与空气混合依靠煤气的高压产生影射将空气吸入，煤气的压力要高。

（6）适用于高压、高发热值煤气，如焦炉煤气、天然气。

2.2.4.2　燃烧装置安全要求

当燃烧装置采用强制送风的燃烧嘴时，煤气支管上应装止回装置或自动隔断阀。空气管道的末端应设有放散管，放散管应引到厂房外。燃烧器上应当有火焰观测孔，为防止火焰喷出或烟气外漏，观测孔配件应当具有足够强度并被有效密封。为防止异物吸入，影响设备正常安全运行，燃烧器风机入口应该装有金属防护网罩。

燃烧装置爆炸事故的防控重点如下：

（1）炉窑点火必须先点火、后开煤气（先吹一吹，查看煤气开关是否处于关闭位置）；

（2）煤气燃烧要防止回火、吹脱（对压力有要求，还要求管道上有紧急切断阀，当压力低时会自动关闭）；

（3）煤气管上应装逆止装置或紧急切断阀、在空气管道上应设泄爆膜；

（4）煤气、空气管道应安装低压警报装置；

（5）煤气烧嘴应有火焰监测装置（火灭时将信号传给继电器，关闭阀门）；

（6）煤气燃烧器要有常明火（小火）。

2.2.5　蒸汽管、氮气管

在煤气设备及管道上装设蒸汽管或氮气管的主要作用为置换、保压和清扫。

2.2.5.1　煤气设备及管道安设蒸汽或氮气管的条件

（1）停、送煤气时需用蒸汽和氮气置换煤气或空气的。

（2）需在短时间内保持煤气正压力的。

（3）需要用蒸汽扫除萘、焦油等沉积物的。

2.2.5.2　蒸汽管或氮气管的装设及操作要求

（1）蒸汽或氮气管接头应安设在煤气管道的上面或侧面，管接头应安设旋塞或闸阀。

（2）为防止煤气串入蒸汽或氮气，管道内只有通蒸汽或氮气时，才能把蒸汽或氮气管与煤气管道连通，停用时必须断开或堵盲板。

（3）若有发生倒流的可能，蒸汽或氮气管线上应装设逆止阀。

（4）生产与生活用管线分开设置，避免互串发生事故。

2.2.6　补偿器

补偿器的作用主要包含以下四个方面：

（1）补偿吸收管道轴向、横向、角向冷热变形；

（2）波纹补偿器的伸缩量，方便阀门管道的安装与拆卸；

（3）吸收设备振动，减少设备振动对管道的影响；

（4）吸收地震、地陷对管道的变形量。

2.2.6.1 架空煤气管道补偿器

架空煤气管道由于温度变化引起管道线性膨胀或收缩，影响架空煤气管道线性膨胀和收缩的因素是环境气温和介质温度。一般情况下，煤气管道的最高温度来源于介质温度的提高，煤气管道的最低温度起因于气候寒冷。又因为煤气管道常常是以蒸汽作为中间介质来吹扫置换管内煤气，所以往往造成煤气管道温度升高而产生轴向膨胀，所以在煤气管网中根据具体的情况和要求，布置了一定量的煤气管道补偿器。

2.2.6.2 煤气管道补偿器

煤气管道补偿器一般分为方形补偿器、填料补偿器、鼓形补偿器和波形补偿器。另外，一些管段的 L 形、Z 形等布置形式，可以起到自然补偿的作用，也称为自然补偿器。

A 鼓形补偿器

鼓形补偿器是依靠每片鼓膜的弹性变形来吸收煤气管道的胀缩量。鼓形补偿器分为一、二、三级，每级补偿量约 40mm，可根据煤气管段的长度确定选用级别。鼓形补偿器适用于气候湿度较小的北方地区。

鼓形补偿器的缺点包括：

（1）外形尺寸较大；

（2）两端需用法兰连接，增加泄漏点；

（3）鼓片内部需充满密度为 $1.05t/m^3$ 的防腐油，否则积水结冰将造成胀裂；

（4）鼓膜较薄，与同材质的煤气管道匹配时使用寿命较短，为满足生产维护需要设置人孔、操作平台和爬梯，在管道上必须安装在两个单片支架之间等；

（5）不适于较高压力使用，安装方向不能互换。

B 填料补偿器

填料补偿器在使用填料密封条件下，吸收煤气管道的轴向位移。

填料补偿器适用于温度较高的南方地区，其优点包括：

（1）无反弹能力，固定支架承受推力极小；

（2）外形尺寸小，便于管道共架布置；

（3）制作安装简单。

填料补偿器的缺点包括：

（1）采用填料密封，难于保持严密性，增加管道泄漏点；

（2）需要经常维护和调整；

（3）禁止在室内使用，并不适宜在较高的压力下使用；

（4）为了尽量减少泄漏，应采用柔性石墨替换常规的油浸石棉绳填料，并增加弹性压紧装置可使气密性提高。

C 波形补偿器

波形补偿器的作用原理同鼓形补偿器，而且是鼓形补偿器的换代产品，其主要特点是挤压成形，可以商品化生产；对腐蚀性煤气采用耐腐蚀钢材制作，外形尺寸较小，共架布置紧凑；可以对煤气管道直接对焊，不增加管道的泄漏点，适宜用于煤气压力较高的输送管道上。

但是，因为采用挤压成形，板片厚度小，弹性力大，吸收管道位移量小，所以一般都采用多级波形补偿器。

D　方形补偿器

方形补偿器又称门形补偿器（补偿原理同自然补偿），方形补偿器的受力集中在两边弯头和弯管的中心点上，所以制作焊缝要避开这三点处。加工弯头如采用充砂煨火法将使弯头外侧壁厚减薄，而采用烤煨皱褶管不利于防腐，这两种方法都将影响补偿器的整体使用寿命。应采用冲压弯头对接或冷弯成型，以保证弯头强度。

方形补偿器的优点包括：

（1）补偿能力大，制作简单，可以就地制作施工；

（2）与管道对接即可，不增加管道泄漏点；

（3）无须经常维护，维护消耗低、费用少，因此在 DN500mm 以下的管道上广泛使用。

方形补偿器的缺点包括：

（1）阻力损失较大，不利于用在焦炉煤气管道上；

（2）外形尺寸大、占用空间面积大；

（3）不适合在大管径管道上使用。

2.2.7　泄爆阀

泄爆阀上装有一块泄爆膜，一般均为铝质材料制成。当管内压力突然升高时，泄爆膜首先破裂，气体向外冲出，并掀动阀盖，因而支撑杆自动脱落，泄压后阀盖在重锤的作用下封闭阀口，防止空气渗入管路系统（同时防止大量煤气外泄）。泄爆膜在安装前应进行破裂试验，试验压力一般为工作压力的 1.25 倍，当工作压力 $P = 0.005 \sim 0.02$MPa 时，试验压力 $P_{试} = 0.005$MPa，试验中为了减小泄爆膜的有效厚度，可用刻画井字形沟槽的办法处理。

当燃烧装置采用强制送风的燃烧嘴时，煤气支管上应装止回装置或自动隔断阀。在空气管道上应设泄爆膜。

泄爆膜安装的位置及安全要求包括：

（1）泄爆阀安装在煤气设备易发生爆炸的部位；

（2）泄爆阀应保持严密，泄爆膜的设计应经过计算；

（3）泄爆阀端部不应正对建筑物的门窗，如设在走梯或过道旁，必须要有警示标志。

2.2.8　人孔、手孔及检查管

人孔是进入煤气管道工作的出入口、通风口。

（1）在阀门后、较低管段上、补偿器或蝶阀组附近、设备的顶部和底部、煤气设备和管道需要经常入内检查的地方，均应设人孔。

（2）煤气设备或单独的管段上人孔一般不少于两个，直管段上每隔 150～200m 安装一个人孔。也可根据需要设置人孔，人孔直径应不小于600mm，直径小于600mm的煤气管道设人孔时，其直径与管道直径相同。在特殊需要清除管内污物的地点也可以安装手孔。

（3）有衬砖的管道，人孔圈的深度应与衬砖的厚度相同。

（4）人孔盖上应根据需要安设吹刷管头。

（5）在容易积存沉淀物的管段上部，宜安设检查管。

2.2.9 管道标志和警示牌

厂区主要煤气管道应标有明显的煤气流向和种类的标志。所有可能泄漏煤气的地方均应挂有提醒人们注意的警示标志。

2.2.10 煤气回收装置安全管理要求

（1）在煤气使用单位较多的企业中，应设煤气调度室，负责煤气使用的调配。

（2）钢铁企业应设煤气防护站或煤气防护组，按计划定期进行各种事故抢救演习。

（3）煤气设施应明确划分管理区域，明确责任（哪个阀门该谁管都要明确），建立严格的管控制度。

（4）煤气管网、设施应建立技术档案（如管网的走向、大中修记录、设计图纸、竣交工资料等）。

（5）煤气危险区的一氧化碳浓度应定期测定，在关键部位应设置固定的一氧化碳监测装置。作业环境一氧化碳最高允许浓度为 $30mg/m^3$（8h工作允许浓度，浓度高于此数要缩短工作时间，因为一氧化碳在身体内有积累过程）。

（6）应对煤气工作人员进行安全技术培训，经考试合格的人员才准上岗作业。

（7）有条件的企业应设高压氧舱，用于对煤气中毒者进行抢救和治疗。

2.2.11 其他附属装置

有一些附属装置容易成为安全盲点，此类附属装置及其安全技术主要包括以下几项：

（1）蒸汽管、氮气管（伴随煤气管）停用时必须与煤气设施断开或堵盲板（防止断气时阀门关闭不可靠，煤气沿蒸汽管串入澡堂、食堂、办公楼，历史上发生多次此类事故）；

（2）补偿器宜选用耐腐蚀材料制造，厂房内不得使用带填料的补偿器；

（3）泄爆阀不应正对建筑物的门窗和走道；

（4）管道标志要有介质、流向标志，煤气为灰色，管道还要有标高要求，关键部位要悬挂警示牌，所有的水封都要挂煤气危险的警示牌，防过路人在此处停靠、休息；

（5）煤气设施的人孔、阀门、仪表等经常有人操作的部位均应设置固定平台。

2.3 煤气加压站与混合站设施

2.3.1 煤气加压站、混合站、抽气机室建筑物安全要求

（1）煤气加压站、混合站与焦炉煤气抽气机室主厂房的火灾危险性分类及建筑物的

耐火等级不应低于《建筑设计防火规范》（GB 50016—2014）规定的等级，站房的建筑设计均应遵守《建筑设计防火规范》（GBJ 16—1997）的有关规定。

（2）煤气加压站、混合站、抽气机室的电气设备的设计和施工，应遵守有关规定。

（3）煤气加压站、混合站、抽气机室的采暖通风和空气调节应符合《采暖通风与空气调节设计规范》（GBJ 19—1987）的有关规定。

（4）站房应建立在地面上，禁止在厂房下设地下室或半地下室。如果为单层建筑物，操作层至屋顶的层高不应低于 3.5m；如果为两层建筑物，上层高度不得低于 3.5m，下层高度不得低于 3m。

2.3.2　煤气加压站和混合站的一般安全规定

（1）煤气加压站、混合站、抽气机室的管理室一般设在主厂房一侧的中部，有条件的可以将管理室合并在能源管理中心。为了隔绝主厂房机械运转的噪音，管理室与主厂房间相通的门应设有能观察机械运转的隔音玻璃窗。

（2）管理室应装设二次检测仪表及调节装置。一次仪表不应引入管理室内，一次仪表室应设强制通风装置。

（3）管理室应设有联系电话。大型加压站、混合站和抽气机室的管理室宜设有与煤气调度室和用户联系的直通电话。

（4）站房内应设有一氧化碳监测装置，并把信号传送到管理室内。

（5）有人值班的机械房、加压站、混合站、抽气机房内的值班人员不应少于 2 人。室内禁止烟火，如需动火检修，应有安全措施和动火许可证。

（6）煤气加压机、抽气机等可能漏煤气的地方，每月至少用检漏仪或用涂肥皂水的方法检查 1 次，机械房内的一次仪表导管应每周检查 1 次。

（7）煤气加压机械应有两路电源供电，如用户允许间断供应煤气，可设一路电源。焦炉煤气抽气机至少应有 2 台（1 台备用），均应有两路电源供电，有条件时，可增设 1 台用蒸汽带动的抽气机。

（8）水煤气加压机房应单独设立，加压机房内的操作岗位应设生产控制仪表、必要的安全信号和安全联锁装置。

（9）站房内主机之间以及主机与墙壁之间的净距应不小于 1.3m；如果用作一般通道，应不小于 1.5m；如果用作主要通道，不应小于 2m。房内应留有放置拆卸机件的地点，不得放置和加压机械无关的设备。站房内应设有消防设备。

（10）两条引入混合煤气的管道的净距不小于 800mm，敷设坡度不应小于 0.5%。引入混合站的两条混合管道，在引入的起始端应设可靠的隔断装置。

（11）混合站在运行中应防止煤气互串，混合煤气压力在运行中应保持正压。

（12）煤气加压机、抽气机的排水器应按机组各自配置。每台煤气加压机、抽气机前后应设可靠的隔断装置。

（13）发生炉煤气加压机的电动机必须与空气总管的空气压力继电器或空气鼓风机的电动机进行联锁，其联锁方式应符合下列要求。

1）空气总管的空气压力升到预定值，煤气加压机才能启动；空气压力降到预定值时，煤气加压机应自动停机。

2）空气鼓风机启动后，煤气加压机才能启动；空气鼓风机停止时，煤气加压机应自动停机。

（14）水煤气加压机前宜设有煤气柜，如果未设煤气柜，则加压机的电动机应与加压机前的煤气总管压力联锁。当煤气总管的压力降到正常指标以下，应发出低压信号；当压力继续下降到最低值时，煤气加压机应自动停机。

（15）鼓风机的主电机采用强制通风时，如果风机风压过低，应有声光报警信号。

2.3.3 天然气调压站安全规定

（1）天然气调压站可设在露天或单独厂房内，露天调压站应有实体围墙，围墙与管道间距离应不小于 2m。

（2）调压站厂房和一次仪表室均属于甲类有爆炸危险厂房，应遵守有关规定。

（3）调压站操作室应设压力计、流量计、高低压警报器和电话。操作室应与调压站隔开，并设有两个向外开的门。

（4）调压系统应有安全阀，并应符合现行的有关压力容器管理的规定。

2.3.4 煤气加压站、混合站其他安全注意事项

煤气加压站与混合站内重点监控的关键部位（如焦炉煤气鼓风机、加压机房）被视为心脏，是易爆场所，照明灯具、开关、布线必须防爆，门窗要向外开，门窗面积不能小于容积的 1/10，平时和事故状态下都要有通风等措施。

（1）站房内宜设有一氧化碳监测装置，并把信号传送到管理室内。

（2）站房内应有通风换气装置。

（3）煤气加压机械应有两路电源供电。

（4）煤气加压机、抽气机的排水器应按机组各自配置。

（5）每台煤气加压机、抽气机前后应设可靠的隔断装置。

2.4 煤 气 储 柜

2.4.1 煤气柜的作用

作为贮存煤气用的煤气柜，其作用可分为如下几个方面。

（1）平衡生产和用户的煤气量，起到以余补欠的作用，减少煤气放散量。

（2）可充分合理地使用企业内部的副产煤气。由于建立了煤气柜，工厂在煤气平衡中，可以不预留煤气缓冲量，从而可以充分利用工厂副产煤气，以减少外购燃料节约能源，提高工厂煤气的使用率。

（3）稳定管网压力，改善用户的热工制度。利用煤气柜调节煤气管网压力，稳定效果好，可大大改善煤气供应的质量，使加热制度稳定，提高加热炉的煤气利用效率，从而可降低煤气消耗量，同时还可以改善轧钢产品的质量。

由于煤气柜受到容积的限制，煤气柜不可能做得很大，因而不能适应波动幅度过大、延续时间长的气量波动。因此，煤气柜必须要有锅炉或其他缓冲用户相配合，方能取得理想的调节与回收剩余煤气的效果。

2.4.2　煤气柜的分类

工厂煤气柜一般是低压贮气罐,按其密封方式分为湿式和干式两类,钢铁企业使用干式的较多。

2.4.2.1　湿式柜

按其结构形成,湿式柜可分为直立导轨式和螺旋式两种,前者已逐渐淘汰,后者在广泛采用。湿式柜靠水密封,密封性好,易于制造、安装,操作维护简便,运行可靠,但基础荷载大,地基条件要求高,基础工程费用大,寒冷地区需考虑水槽防冻问题,且受塔体结构限制,贮藏煤气压力低,一般都不超过 $3.9 \times 10^3 Pa(400mmH_2O)$,塔内压力随塔节升降而变化,对稳定煤气管网压力效果较差。

A　直立导轨式柜

直立导轨式柜最早广泛使用,由一个或多个套筒式塔身安装在充满水的圆柱形水槽中。当充气时罩和套筒从水槽中升起,借助水槽顶部四周框架垂直立柱为导轨,升降速度一般不超过 1.5m/min,各层塔身间都形成一层水封,操作简便,运行可靠,维护量小,但较螺旋式材料耗量大,造价高。

B　螺旋式湿式柜

螺旋式湿式柜在可动塔节侧壁外面安装有与水平夹角为 45°的螺旋形导轨。充气时,浮塔侧壁的导轨在下一节塔壁顶部安装的导轮控制下,塔身缓慢旋转上升,速度一般 0.9~1m/min,螺旋式虽较直立导轨式节约钢材,但不能承受强烈风压,不能建在强台风地区。

螺旋式煤气储藏塔柜示意图如图 2-4 所示。

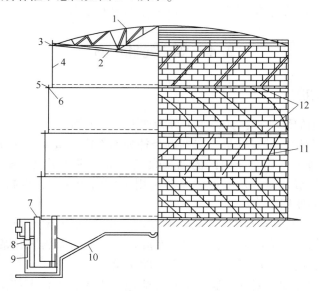

图 2-4　螺旋式煤气储藏塔柜

1—顶板;2—顶架;3—顶环;4—立柱;5—水封挂环;6—水封杯环;7—底环;8—补偿器;

9—进出气管;10—倾斜排污底板;11—螺旋导轨;12—导轮座

2.4.2.2 干式柜

干式柜是一个由钢板焊接成的大罐筒，筒内装有直径与罐筒内径相等的活塞和导架装置，进气时活塞上升，用气时活塞下降，借助活塞本身重量把煤气压出。干式柜按其结构形成可分为曼型（MAN 型）、克隆型（Klonne 型）和月岛-威金斯型（Wiggins 型），其结构和特征见表 2-1。

表 2-1　干式煤气柜特征

类型名称	曼型	克隆型	月岛-威金斯型
结构形式	油环式	干油环式	布帘式
外形	正多边形	正圆形	正圆形
密封形式	稀油密封	干油密封	橡胶夹布帘密封
活塞形式	平板桁架	拱顶	T 形挡板
储气压/Pa	$5.9 \times 10^3 \sim 7.8 \times 10^3$ （600~800）	$5.9 \times 10^3 \sim 8.3 \times 10^3$ （600~850）	$2.5 \times 10^3 \sim 5.9 \times 10^3$ （250~600）

注：括号中数值的单位为 mmH_2O。

克隆型干式柜构造图和月岛-威金斯型干式柜构造图分别如图 2-5 和图 2-6 所示。

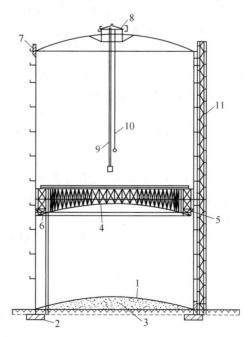

图 2-5　克隆型干式柜构造图

1—底板；2—环型基础；3—砂基础；4—活塞；5—密封垫圈；6—加重块；7—燃气放散管；
8—换气装置；9—内部电梯；10—电梯平衡块；11—外部电梯

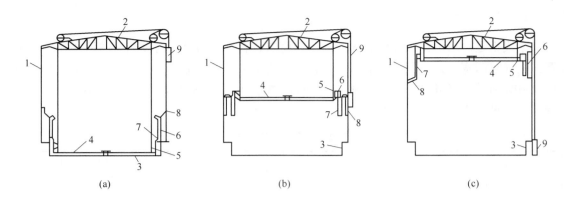

图 2-6　月岛-威金斯型干式柜构造图

(a) 储气量为 0；(b) 储气量为最大容积的 1/2；(c) 储气量为最大容积；
1—侧板；2—柜顶；3—底板；4—活塞；5—活塞护栏；6—套筒式护栏；
7—内层密封帘；8—外层密封帘；9—平衡装置

2.4.2.3　干式煤气柜的优点

与湿式煤气柜相比，干式煤气柜的优点如下。

(1) 贮气压力高且稳定。干式煤气柜煤气压力波动小，一般波动在 ±5%。贮气压力可按需要设计，目前设计压力 5.884~7.845kPa(600~800mmH$_2$O)，最高可达 11.767kPa(1200mmH$_2$O)。可直接与冶金工厂煤气管网连接，系统简单稳压效果较好。

湿式煤气柜贮气压力随钟罩升降而变动，压力波动在 1.47~4.41kPa(150~450mmH$_2$O)，贮气压力低，不能直接与冶金工厂煤气管网连接，气柜向管网送气需经加压机升压，管网系统复杂，且需增加基建和运行费用。

(2) 基建工程费用低。干式煤气柜由于没有大型水槽，荷重小，基础易于处理，特别对地质条件差的地区更为有利。以 150000m^3 煤气柜为例，干式柜质量为 2200t，湿式柜为 5272t；其中水量为 3900t，金属为 1372t。

(3) 使用年限长，维修工作量小。湿式煤气柜由于钟罩经常浸入于升出水槽水面，铜板易受水侵蚀，需经常进行刷漆防腐，维修工作量大。投产 5~6 年水槽就锈蚀，需经常进行修补，一般寿命为 15~20 年。

干式煤气柜内壁有油膜保护，不会产生锈蚀。柜体防锈刷漆工作量小，使用寿命可长达 50 年以上。

(4) 冬季不需要大量的保温用蒸气。湿式煤气柜在北方寒冷地区，为防止水槽冻结，需用蒸汽保温，耗用大量蒸气。以一个 50000m^3 气柜为例，冬季（150 天）水槽所耗保温蒸汽量约为 10t/h。

干式煤气柜冬季只需少量蒸汽用于加热密封油，其蒸汽耗量约为 100kg/h，因此运行费用低。

(5) 无大量污水排放，对环境污染小。湿式煤气柜经常有含酚、氰污水外排，在停气检修时，一次排放量约 39000t，难以处理，造成污染。在雨季，柜顶部的雨水排尘时，也会造成对环境的污染。

干式煤气柜只有少量的煤气冷凝水外排，经集水井收集后定期用车运到水处理车间集中处理，不会造成对环境的污染。

（6）操作简便，运行安全。湿式煤气柜需经常向水封槽补水，水位不足时，有泄漏煤气的危险，冬季在北方地区还要防止因水槽冻结引起的操作事故。

干式煤气柜操作简便，运行安全。一般遥控的干式煤气柜可以无人管理，每周只需进柜检查一次即可。

（7）占地面积小。干式煤气柜高度与直径之比，可较湿式煤气柜为大。因此相同容积的煤气柜，干式柜比湿式柜占地面积少。

由以上比较可以看出，干式煤气柜虽然造价较高，一次投资大，但在使用年限上却远远超过湿式煤气柜，且操作维护简单，所以干式煤气柜的优点是十分明显的。

2.4.3 煤气柜安全技术

2.4.3.1 湿式煤气柜安全技术

A 厂址与厂房布置安全要求

（1）新建湿式柜不应建设在居民稠密区，应远离大型建筑、仓库、通信和交通枢纽等重要设施，并应布置在通风良好的地方。

（2）煤气柜周围应设有围墙、消防车道和消防设施，柜顶应设防雷装置。

（3）湿式柜的防火要求以及与建筑物、堆场的防火间距应符合《建筑设计防火规范》（GB 50016—2014）的规定。

B 设备结构安全要求

（1）湿式柜每级塔间水封的有效高度应不小于最大工作压力的1.5倍。

（2）湿式柜出入口管道上应设隔断装置，出入口管道最低处应设排水器，并遵守有关规定。出入口管道的设计应能防止煤气柜地基下沉所引起的管道变形。

（3）湿式柜上应有容积指示装置，柜位达到上限时应关闭煤气入口阀，并设有放散设施，还应有煤气柜位降到下限时，自动停止向外输出煤气或自动冲压的装置。

（4）湿式柜应设操作室，室内设有压力计、流量计、高度指示计，容积上、下限声光讯号装置和联系电话。

（5）湿式柜的水封在寒冷地带应采取相应的防冻措施；湿式柜需设放散管、人孔、梯子、栏杆；湿式柜顶和柜壁外的爆炸性气体环境危险区域的范围应遵守相关规定。

C 湿式煤气柜的检验

（1）湿式煤气柜施工完毕，应检查柜体内外涂刷的防腐油漆和水槽底板上浇的沥青层是否符合设计要求。

（2）湿式煤气柜安装完毕，应进行升降试验，以检查各塔节升降是否灵活可靠，并测定每一个塔节升起或下降后的工作压力是否与设计的工作压力基本一致。有条件的企业可进行快速升降试验，升降速度可按1.0~1.5m/min进行；没有条件的企业可只做快速下降试验。升降试验应反复进行，并不得少于两次。

（3）湿式煤气柜安装完毕后应进行严密性试验。严密性试验方法分为涂肥皂水的直接试验法和测定泄漏量的间接试验法两种，无论采用何种试验方法，只要符合要求都可认为合格。

1）直接试验法：在各塔节及钟罩顶的安装焊缝全长上涂肥皂水，然后在反面用真空泵吸气，以无气泡出现为合格。

2）间接试验法：将气柜内充入空气，充气量约为全部贮气容积的 90%。以静置 1 天后的柜内空气标准容积为起始点容积，以再静置 7 天后的柜内空气标准容积为结束点容积，起始点容积与结束点容积相比，泄漏率不超过 2% 为合格。

（4）气柜在静置 7 天的试验期内，每天都应测定 1 次，并选择日出前、微风时、大气温度变化不大的情况下进行测定。如遇暴风雨等温度波动较大的天气时，测定工作应顺延。

2.4.3.2　干式煤气柜安全技术

A　厂址与厂房布置安全要求

干式柜的厂址与厂房布置安全要求、干式柜与建筑物、堆物的防火间距应符合《建筑设计防火规范》（GB 50016—2014）的有关规定。

B　设备结构安全要求

（1）干式柜的设备结构应遵守《建筑设计防火规范》（GB 50016—2014）的有关规定。

（2）稀油密封型干式柜的上部可设预备油箱；油封供油泵的油箱应设蒸汽加热管，密封油在冬季要采取防冻措施；底部油沟应设油水位观察装置。

（3）干式柜应设内、外部电梯，供检修及检查时载人用。电梯应设最终位置极限开关、升降异常灯。电梯内部应设安全开关、安全扣和联络电话。

（4）干式柜一般应设有内部电梯供检修和保养活塞用。电梯应设有最终位置极限开关和防止超载、超速装置，还应设救护提升装置。活塞上部应备有一氧化碳检测报警装置及空气呼吸器。

（5）干式柜外部楼梯的入口处应设有门。

（6）布帘式柜应设调平装置、活塞水平测量装置及紧急放散装置，用于 LDG 回收时，柜前应设事故放散塔。应设微氧量连续测定装置，并与柜入口阀、事故放散塔的入口阀、炼钢系统的三通切换阀开启装置联锁。柜区操作室应设有与转炉煤气回收设施间的声光信号和电话设施。柜位应设有与柜进口阀和转炉煤气回收的三通切换阀的联锁装置。

（7）控制室内除设置规定的各种仪表外，还应设活塞升降速度、煤气出入口阀、煤气放散阀的状态和开度等测定仪，各种阀的开、关和故障信号装置以及与活塞上部操作人员联系的通信设备。

（8）干式柜除生产照明外还应设事故照明、检修照明、楼梯及过道照明、各种检测仪表照明以及外部升降机上、下、出、入口照明。

C　干式煤气柜检验

（1）干式柜施工完毕，应按其结构类型检查活塞倾斜度、活塞回转度、活塞导轮与柜壁的接触面、柜内煤气压力波动值、密封油油位高度、油封供油泵运行时间等是否符合设计要求。

（2）干式柜安装完毕后应进行速度升降试验和严密性试验。严密性试验应遵守相关规定。采用油封结构的干式柜，应检查柜侧壁是否有油渗漏。

2.4.4 煤气柜安全要求

煤气或空气的置换是煤气柜安全的重要环节。煤气柜在投产启用前或检修前均须进行气体置换，以免煤气与空气在柜内形成爆炸性混合物。其方法主要有间接置换和直接置换两种。

煤气柜使用惰性气体进行间接置换，不会产生爆炸和污染，是安全可靠的方法，置换的介质可选用 N_2、CO_2、惰性气体发生器产生的烟气或煤气燃烧器在控制空气比例下完全燃烧所产生的烟气，以及水煤气制气装置产生的吹扫气。

2.4.4.1 置换空气

（1）煤气柜启用前使用惰性气体置换空气时，应将排气口打开，浮塔（湿式）或活塞（干式）处于最低安全位置。

（2）通过进口或出口放进惰性气体。若惰性气体是燃烧产物，吹扫应继续到排出的惰性气体中的 CO_2 含量63%；若惰性气体为纯 CO_2，则排出气体中至少含50%的 CO_2。

（3）应注意吹扫的对象还应包括煤气柜的进口管路和出口管路。

（4）在关掉惰性气体前，将顶部浮塔或活塞浮起，对可能出现的气体体积的收缩应考虑适当修正量。

（5）关掉惰性气体，换接煤气管道，使用排气口向气柜进煤气，以便尽可能地置换惰性气体。

（6）换气需持续到气柜残存的惰性气体不致影响煤气特性为止。

（7）在整个置换过程中，应始终保持柜内正压，一般约 $1.47kPa(150mmH_2O)$ 左右，最好不低于 $0.49kPa（50mmH_2O）$。随后关闭排气孔，此时柜内已装满煤气，可投入正常使用。

2.4.4.2 置换煤气

（1）在煤气柜进行检修或停止使用需要吹扫煤气时，同样，气柜应排空到最低的安全点，关闭进口与出口阀门，使气柜安全隔离。

（2）应保持气柜适当的正压。所选用的惰性气体介质，不应含有大于1%的氧或大于1%的CO，使用氮气作吹扫介质时，所使用氮气量必须为气柜容积的2.5倍。

（3）惰性气体源应连接到能使煤气低速流动的气柜最低点或最远点位置，正常情况下应连接在气柜进口或出口管路上。

（4）顶部排气口打开，以使吹扫期间气柜保持一定压力。吹扫要持续到排出气体成为非易燃气体，使人员和设备不会受到着火、爆炸和中毒的危害，可用气体测爆仪和易燃或有害气体检测仪对气柜内的气体进行检测。

（5）用惰性气体吹扫完毕，应将惰性气体源从气柜断开。然后向气柜鼓入空气，用空气吹扫应持续到气柜逸出气体中 CO 含量（体积分数）小于 100ppm❶，氧的浓不少于 19.5%，还应测试规定的苯和烃类等含量，以达到无毒、无害状态（无着火、爆炸危险，人员可不戴呼吸器进入气柜内工作）。

（6）气柜经吹扫符合规定要求，并经制定人员检查确定和规定人员批准后，且经检查现场没有可燃性气体或沉积物时，方可进行焊接、气割或火焰清理等动火作业以及其他检修作业。

煤气柜用煤气直接置换的方法危险性较大。因为在用煤气直接置换过程中，煤气与空气的混合气体必定经过从达到爆炸下限至超过爆炸上限的过程，存在着火爆炸的危险。此外，用煤气直接置换必将向大气中放散大量煤气，对周围环境造成污染，所以一般不宜使用此方法。有的煤气柜限于条件或其他原因，而采用煤气直接置换方法时，必须采取严格的特殊防范措施。比如：煤气柜周围 100m 内应设警戒线；进入煤气流经管道的速度不得大于 10m/s；整个煤气柜应良好接地（任何部位接地电阻均应小于 4Ω）等。如果不符合特殊安全防范措施要求，则应采用其他方法置换。

煤气柜周围应设有防止任何未经批准的人接近煤气柜的围墙和设施，柜梯或台阶应装有带锁的门；四周 6m 之内不应有障碍物、易燃物和腐蚀性物质；煤气柜所有工作处均应有安全通道和安全作业区，包括梯子、抓手罐盖等，在高出地面 2m 的气柜上任何部位工作应有合适的工作台或脚手架或托架，备有安全带和挽具，在贮柜上要用的绳子、安全带、挽具和托架等使用的钩应是自闭型的；出口和入口的连接件应与气柜完全隔开；气柜的固定地点和入口处应备有相应的警戒标志、呼吸装置、苏生器、灭火装置和其他急救设备；放气点周围 15m 内要清除火源；在气柜外壳或进入气柜工作必须经过特殊批准，进入气柜至少 2 人，要有专人监护，并有气柜内发生意外事件的报警或无线电通信装置；不得穿戴易产生火花的衣服鞋袜，并备有呼吸器等急救设备。

---

❶　1ppm = 10^{-6}。

3 煤气作业安全生产操作

3.1 煤气设备与管道附属装置操作

3.1.1 隔断装置与可靠隔断装置操作

煤气隔断装置用于停送煤气以及需要动火或人员进入管道、设备、炉体机组内作业时可靠地隔断煤气，它与煤气作业安全有着十分密切的关系。

一般隔断装置只是起一般隔断作用，不能保证煤气不泄露到被隔离隔断的区域。

可靠隔断装置只要不发生异常情况，且设计制作操作符合规定，就具有可靠隔断煤气的功能，即处于隔断状态后，煤气不会泄露到被隔离区域。

3.1.1.1 一般隔断装置安装的部位

（1）煤气发生装置与净化装置之间。

（2）净化系统与主管并网处。

（3）各种塔器的出入口。

（4）加压机的出入口。

（5）车间总管自厂区总管接出处。

（6）如接点到车间厂房距离超过1500m，或距离虽短而通行或操作不方便时，应在靠近厂房处安装第二个切断装置。

（7）厂区总管或分区总管经常切断煤气处。

（8）每个炉子或用户支管引出处。

3.1.1.2 煤气管道上可靠隔断装置的选择

（1）在煤气压力低于9806.65Pa（1000mmH$_2$O），发热量小于6300kJ/m^3（1500kcal/m^3），且需要经常切断的室外管道上，应首先考虑安装叶形插板阀。

（2）在高炉煤气非主要管道上，凡不宜选择机械化叶型插板的部位，可以采用密封蝶阀。

（3）凡需要设置第二道切断设备时，也可设置罐形水封。

（4）眼镜阀、扇形阀一般不作为独立的切断设备，多设在密闭蝶阀和闸阀后可靠切断煤气。

（5）盲板一般也不作为独立切断设备，在经常操作部位或在管径不小于DN1000mm、管道压力不小于1.96kPa（2000mmH$_2$O）的管道上，配置在闸阀或密闭蝶阀后可靠地切断煤气。

3.1.2　放散装置操作

煤气放散管是引送煤气和吹扫置换的出口，决定着煤气作业和煤气事故处理的有效性。因此，所放散煤气必须点燃，并配有灭火设施。

放散燃烧点火装置与管网煤气压力连锁，管网压力（模拟量）超标时，放散执行机构启动，放散执行机构的开度是根据母管压力自动调整的，高能点火器打火，火焰检测器检测到火焰后，高能打火器停止打火。当系统恢复正常时，装置自动停止点火，进入下一个点火程序待令。高炉煤气、转炉煤气等一般都配有长明火伴烧器。

高炉煤气应急操作煤气放散管，是事故应急放散管的一种。其主要是为适应高炉安全生产、休风时能迅速将煤气排入大气而设置的，一般都设在煤气上升管顶端、除尘器的上圆锥体处或洗涤塔顶部，以及切断装置圆筒的顶端等处。其煤气出口速度应大于火焰传播速度，否则将引起回火。当煤气出口速度低于燃烧速度时，可使用蒸汽灭火，停止燃烧。一般大、中型高炉放散煤气出口速度为 30~40m/s。热风炉煤气放散阀设在燃烧阀与切断阀之间的煤气旁通管路中部，当热风炉燃烧阀与切断阀都关闭时，可放散掉两阀之间管道中留存的煤气和两阀关闭时从阀口泄漏出的煤气或热空气，这样可防止热风从燃烧阀阀口窜入煤气管道而造成煤气爆炸事故。

另外还有煤气柜放散管，其中煤气柜出入口放散管，是作为与煤气柜活塞高位相连锁的放散管，活塞超过高位，连锁自动放散；而煤气柜柜顶放散管是在煤气柜系统发生故障、煤气柜活塞超过高位而撞上柜顶煤气放散管时放散出大量煤气。

3.1.3　冷凝物排水器安全操作

3.1.3.1　排水器巡检操作要求和检查内容

（1）排水器每班至少巡检一次，并做好记录，发现问题及时处理，无法处理时要及时汇报。

（2）每年对筒体沉积物进行一次清理检查，确认隔板、底板筒体钢板厚度是否符合要求。

（3）检查排水器溢流口是否有溢流水。

（4）打开排水器吹扫管阀门，看吹扫管是否有积水，积水放净后是否有煤气。如果有煤气冒出，则表示落水管畅通；如果吹扫管长时间排出大量水，则表示排水器内的落水管堵塞。

（5）检查排水器筒体、闸阀、法兰、接口、落水管、排污管、吹扫管等是否有漏水和漏气现象。

（6）检查排水器溢流水至积水坑的溢流管是否畅通，积水坑是否外溢。

（7）检查排水器底部基础是否下沉，排水器有无被碰撞等现象。

（8）检查排水器责任牌、警示牌、封闭护栏门是否完好。

（9）检查排水器筒体周围有无积水、杂草、杂物等。

3.1.3.2　排水器投运操作的准备工作及注意事项

（1）确认排水器手孔封好，排污阀关闭，各部件符合投运要求。

（2）从高压室加水口注水，直至低压室溢流口有溢流水为止（注意排水器加满水后必须封堵高压室的加水口）。

（3）确认高压室加水口封堵严密。

（4）管网送气置换前应确认排水器上第一道闸阀关闭严密。

（5）送气前应打开管道喇叭口下的落水管闸阀，确认吹扫头关闭。

（6）送气后管道压力稳定，再全开排水器上第一道闸阀投入运行。

3.1.3.3　清除排水器筒体内沉积物及检修操作方法

（1）关闭落水管闸阀，闸阀后应堵盲板。

（2）打开排污管阀门，放净排水器内用于水封的水。

（3）打开手孔，接通大气，检查 CO 含量是否合格。

（4）从手孔清扫排水器内沉积物，也可用自来水或消防水冲洗。

（5）作业结束后，首先封手孔、关闭排污阀。从高压室注水，有溢流水后抽盲板打开阀门，投入运行。

3.1.4　燃烧装置操作

3.1.4.1　煤气烘烤器及其他烧嘴安全操作要求

（1）烘烤器应装备完善的介质参数检测仪与熄火检测仪。

（2）应设置煤气低压报警及与煤气低压讯号连锁的快速切断阀等防回火设施；应设置供设备维修时使用的吹扫煤气设施，煤气吹扫干净方可维修设备。

（3）采用氧气助燃时，氧气不应在燃烧器出口前与燃料混合，应在操作控制时确保先点火后供氧。

（4）煤气烘烤器区域应悬挂"禁止烟火""当心煤气中毒"等安全标志。

（5）间断使用煤气用户，不宜用转炉煤气。

3.1.4.2　煤气燃烧炉点火操作规定

（1）对要点火的炉子需要严格检查，比如烧嘴开闭器是否关严，是否漏气，烟道阀门是否全部开启，确保炉膛内形成负压方可点火。

（2）炉子点火时，点火程序必须是先点火后给煤气，严禁先给煤气后点火，凡送煤气前已烘炉的炉子，其炉膛温度超过 800℃（1073K）时，可不点火直接送煤气，但应严密监视其是否燃烧。

（3）点火时稍开烧嘴阀门，待煤气燃烧后再调整到适当的位置。如果送煤气时不着火或点着火又灭了，需再次点火时，应立即关闭烧嘴阀门，查清原因，对炉膛内仍需做负压处理，待煤气吹扫干净后再按规定程序重新点火。

（4）凡强制送风的炉子点火时，应先开鼓风机但不送风，待点火送煤气燃着后，再逐步增大供风量和煤气量。停煤气时，应先关闭所有的烧嘴，然后停鼓风机。

3.1.4.3　煤气设施的正确操作

（1）检查烧嘴阀门能否开关灵活，关闭时能否关闭严密，开关标志是否正确。

（2）炉窑机组点火前要使炉膛、烟道保持一定负压，并确认炉膛、烟道内无爆炸性气体，再在烧嘴前放置引火炬，然后缓慢送入煤气，严禁先给煤气后点火。燃烧不正常或着火后又熄灭，应立即关闭煤气阀门，查明原因，消除故障隐患，排除炉内残余煤气再按规定程序重新点火。

（3）停炉时，在切断支管总阀之前，必须关严每个烧嘴阀门，只有在充入置换介质并在支管阀门安装盲板后，并且彻底置换出残余煤气之后，才能认为完成了停煤气作业。在进入煤气管道或煤气设备、燃用设备前，还应做 CO 含量测定或用鸽子实验确认合格后才可进入。应严格执行操作挂牌制度，煤气防护人员应在现场监护。

（4）用煤气时要经常注意煤气是否完全燃烧，当发现异常应予调整或对自动控制系统进行维修。

（5）对所管辖范围内的煤气设施有无堵塞、有无积水等都应经常予以检查，发现问题及时处理或及时汇报煤气调度室。

3.1.5 补偿器安全操作

3.1.5.1 补偿器安装操作要求

（1）安装时要把套管活动端装在背向煤气的方向，补偿器与管道尽量避免法兰连接，两固定支架间应设同类补偿器。

（2）安装鼓形补偿器时，应在补偿器附近设人孔和梯子平台，并每两年更换一次填料。

（3）补偿器的安装应有利于煤气管道的气密性，尽量不增加煤气管道的泄漏点，在承受煤气计算压力下不产生泄漏。

（4）带填料的补偿器需要有调整填料紧密程度的压环，补偿器内及煤气管道表面应经过加工，厂房内不得使用带填料补偿器。

（5）补偿器的能力不得少于计算补偿量的要求。

（6）补偿器的导向板必须与管道同心，安装前应认真检查四周间隙并清除杂物，确保伸缩无阻。

（7）补偿器宜选用耐腐蚀性材料制造，其使用寿命应与管道使用寿命周期匹配，且维护简便。

3.1.5.2 常用轴向型内压式波纹补偿器的安装操作和使用要求

（1）在安装补偿器前应先检查其型号、规格及管道配置情况，必须符合设计要求。

（2）对带内套的补偿器应注意使内套方向与介质流动方向一致，铰链型补偿器的铰链转动平面应与位移平面一致。

（3）需将管道的热应变部分集中在冷态，即需要进行"冷紧"的补偿器，预变形所用的辅助构件应在管道安装完毕后方可拆除。

（4）严禁用波纹补偿器变形的方法来调整管道的安装超差，以免影响补偿器的正常功能，降低使用寿命及增加管道、设备、支撑构件的载荷。

（5）在安装过程中，不允许焊渣飞溅到波壳表面，不允许波壳受到其他机械损伤。

（6）补偿器所有活动元件不得被外部构件卡死或限制其活动范围，应保证各活动部位的正常动作。

（7）打压试验时，应对装有补偿器管路端部的次固定管架进行加固，使管路不发生移动式转动。

（8）与补偿器波纹管接触的保温材料应不含氯离子。

3.1.6 泄爆装置安全操作

3.1.6.1 泄爆装置的技术要求

泄爆装置是准确实现泄爆的关键，为此必须满足以下要求。

（1）有准确的开启压力。如果装置实际开启压力的值低于设计值，则会造成误动作，影响生产操作；实际开启压力高于设计值，会使最大泄爆压力增高，包围体就可能遭到破坏。

（2）有较小的启动惯性。一般要求泄爆关闭物单位面积质量不超过 $10kg/m^2$。

（3）开启时间尽可能短，而且不能阻塞泄爆口。

（4）要避免冰雪、杂物覆盖和腐蚀等因素使实际开启压力值增大或缩小。

（5）要确保安全泄放，避免泄爆装置碎片和高压喷射火焰对人员和设备造成危害。

（6）要防止泄爆后包围体内产生负压，使包围体受到破坏。

（7）要防止大风流过泄压口时将泄爆盖吸开。

（8）采用泄爆板时，泄爆口应安装安全网，以免发生次生事故，网孔应大一些，以免减小泄爆面积。

3.1.6.2 泄爆装置的检查和维护

泄爆装置需要定期检查和维护，以保证其处于良好的状态。
检查频率和维护操作程序如下。

（1）设备安装应在产品生产厂家指导下进行，确认泄爆器件已按厂家说明书和公认惯例安装到位，所有操作机构都正常运行，然后验收。

（2）使用单位应按生产单位产品说明书对泄爆器件进行定期检验，其频率取决于器件所处的环境和使用要求与条件。使用过程或操作者的改变都会引起条件的重大变化，例如腐蚀条件严重性的变化、沉积杂物及碎屑的集聚等都要频繁检查。

（3）检查与检修应听从生产厂家的建议。

（4）检查程序与频率应纳入《泄爆装置相关管理条例》中，并包括定期试验的条款。

（5）为了方便检查，泄压器间的通路和视线不应受阻。

（6）检查时发现的任何封签的损坏、任何明显的物理缺损或腐蚀以及任何其他缺陷都必须立即修复。

（7）有任何会干扰泄爆器件操作的结构变化或增加的建筑物、设备、设施等都应当立即报告。

（8）泄爆器件都应按厂家推荐进行预防性维修，任何检查到的缺陷都应立即修复。

（9）要注意维修的适当性，往往由于维修不当而使后果更为严重，如刷涂除防锈料等而使器件粘住。

3.2　煤气设施运行与检修

3.2.1　煤气设施的运行

3.2.1.1　煤气设施运行要求

（1）除有特别规定外，任何煤气设备均必须保持正压操作，在设备停止生产而保压又有困难时，则应可靠地切断煤气来源，并将内部煤气吹净。

（2）吹扫和置换煤气设施内部的煤气，应用蒸汽、N_2 或烟气为置换介质。吹扫或引气过程中，不应在煤气设施上栓、拉电焊线，煤气设施周围 40m 内严禁火源。

（3）煤气设施内部气体置换是否达到预定要求，应按预定目的根据含氧量和 CO 分析或爆发试验确定。

（4）炉子点火时，炉内燃烧系统应具有一定的负压，点火程序必须是先点燃火种后给煤气，不应先给煤气后点火。凡送煤气前已烘炉的炉子，其炉膛温度超过 800℃（1073K）时，可不点火直接送煤气，但应严密监视其是否燃烧。

（5）送煤气时不着火或者着火后又熄灭，应立即关闭煤气阀门，查清原因，排净炉内混合气体后，再按规定程序重新点火。

（6）凡强制送风的炉子，点火时应先开鼓风机但不送风，待点火送煤气燃着后，再逐步增大供风量和煤气量。停煤气时，应先关闭所有的烧嘴，然后停鼓风机。

（7）固定层间歇式水煤气发生系统若设有燃烧室，当燃烧室温度在 500℃（773K）以上，且有上涨趋势时，才能使用二次空气。

（8）直立连续式炭化炉操作时必须防止炉内煤料"空悬"。严禁同一孔炭化炉同时捣炉和放焦，炉底要保持正压。

（9）煤气系统的各种塔器及管道在停产通蒸汽吹扫煤气合格后，不应关闭放散管；开工时，若用蒸汽置换空气合格后，可送入煤气，待检验煤气合格后，才能关闭放散管。但不应在设备内存在蒸汽时骤然喷水，以免形成真空压损设备。

（10）送煤气后，应检查所有连接部位和隔断装置是否泄漏煤气。

（11）各类离心式或轴流式煤气风机均应采取有效的防喘震措施。除应选用符合工艺要求、性能优良的风机外，还应定期对其动、静叶片及防喘震系统进行检查，确保处于正常状态。煤气风机在启动、停止、倒机操作及运行中，不应处于或进入喘震工况。

3.2.1.2　焦炉煤气主要设备及安全操作要领

A　焦炉

焦炉又称炼焦炉，是焦化生产工序的关键设备。由备煤车间送来的配合煤装入煤塔，装煤车按作业计划从煤塔取煤，经计量后装入炭化室。煤料在炭化室内经过一个结焦周期的高温干馏，炼制成焦炭并产生荒煤气。现代焦炉由炭化室、燃烧室、斜道区和蓄热室等组成。

焦炉煤气系统安全操作要领及注意事项如下。

（1）焦炉开工、停送煤气、更换煤气，都应按规程执行。

（2）焦炉煤气管道末端要设有软金属盲板，并引到操作走廊外。

（3）应有完备的吹扫煤气用的蒸汽或氮气管道。

（4）外来人员进入煤气区要登记。

（5）消防器材要齐全，保持良好状态。

（6）不能用铁器撞击煤气管道。

（7）使用高炉煤气加热时，进入煤气区要带好煤气报警器。

（8）地下室煤气浓度不可超过 24ppm❶ （30mg/m³）；

（9）煤气区严禁烟火，动火必须经安全部门批准方可操作（停送煤气时禁止动火）。

B 初冷器

初冷器（终冷器）是煤气冷却设备，较常见的为横管式初冷器，内部有若干根横向管道，冷却水在管道中循环。冷却水又分为一段冷却水和二段冷却水，一段冷却水温度一般在 25~32℃，在初冷器上半部分循环；二段冷却水温度一般在 18~25℃，在初冷器下半部分循环。热煤气由初冷器顶部进入，再由底部出去，煤气在初冷器里遇到横管内的冷却水而降温，使初冷器内的煤气温度达到技术指标。

初冷器煤气系统安全操作要领及注意事项如下。

（1）初冷器在停工通蒸汽清扫结束时，应注意先关闭蒸汽阀门，并立即关闭放散管（防止器内进入空气），然后打开初冷器进出口煤气阀门，最后再给水，以防蒸汽冷凝造成真空损坏设备。绝对禁止初冷器清扫后、未与煤气系统接通前先给冷却水。

（2）煤气管道应经常检查，防止漏气。

（3）初冷器出入口煤气阀门和清扫蒸汽阀门未堵盲板以前，禁止入内检查和检修。

（4）初冷器及负压煤气管道附近不准随意动火，必须动火时，应通过安全部门批准并采取安全措施。

（5）初冷器前后管道及冷凝液管应保持畅通，水封内应有足够的水位。

（6）坚守岗位，提高警惕，注意安全，无上级指示，不接待外来人员。

C 电捕焦油器

电捕焦油器与机械除焦油器相比，具有捕焦油效率高、阻力损失小、气体处理量大等特点，不仅可以保证后续工序对气体质量的要求，提高产品回收率，而且可以明显改善操作环境。

电捕焦油器煤气系统安全操作要领及注意事项如下。

（1）增加巡检作业，煤气含氧量（体积分数）大于 1.0%时，禁止给电捕焦油器送电。

（2）停电捕器进行清洗、清扫，必须先断电并接地放电，并挂"禁止合闸"牌，防止被电捕内残余高压静电击伤。

（3）停电捕后要及时用蒸汽、氮气清扫，防止器内有氧化物着火。

（4）电捕在停止使用时，应将出入口堵上盲板与煤气系统切断。

---

❶ 1ppm = 10⁻⁶。

（5）在开停电捕时关闭放散管后，应迅速关闭氮气阀门，使电捕内压力不超过规定值。

（6）进入设备检修时应防止 N_2 窒息。

D　鼓风机

煤气鼓风机主要作用是抽取焦炉产生的焦炉煤气，并对煤气加压，以克服后续煤气净化系统各设备产生的阻力，把煤气输送到最终用户。

鼓风机煤气系统安全操作要领及注意事项如下。

（1）根据保卫部门规定的安全保卫制度，进行本岗位的安全保卫工作。

（2）鼓风机室、煤气设备、管道附近不许动火。必须动火时，应经安全部门批准，并采取安全措施。

（3）鼓风机室禁止吸烟和携带火柴及其他引火物。

（4）防火用具应妥善保管，不准移作他用。

（5）室内地面平台不准倒油、油渣及堆积废油布等引火物。

（6）煤气管道应经常检查，防止漏气。

（7）煤气设备及管道在停止使用时，应用蒸汽赶走煤气。长期停用或入内检修时，应将出入口堵上盲板与煤气系统切断。

（8）鼓风机各排液管应保持畅通，水泵内应有足够的水位。

（9）发现正压煤气管道或设备着火时，应逐渐降低风机出口压力但不能停机，压力控制在 1471～4904Pa（150～500mmH$_2$O）为宜，再通入蒸汽，迅速灭火。煤气压力下降后，可用黄泥、湿麻袋、石棉布等堵灭、扑灭，也可用蒸汽或灭火器扑灭。在通风不良的场所，煤气压力降低以前不要灭火，否则灭火后煤气仍大量泄漏，会形成爆炸性气体，遇烧红的设备或火花可能引起爆炸。待火熄灭后，再恢复风机出口压力至正常运转水平。

（10）坚守岗位，提高警惕，注意安全，无上级指示，不得接待外来人员。

E　饱和器

饱和器用来去除煤气中的氨。由鼓风来的煤气，经煤气预热器预热后进入饱和器，分两股进入两侧循环喷淋室，经大母液循环泵循环喷洒，煤气中的氨被母液中的硫酸吸收。从环形喷洒室出来的煤气合并成一股，进入饱和器后室，经小母液循环泵二次喷洒，进一步吸收煤气中的氨，然后沿切线方向进入饱和器内置旋风式除酸器，以分离煤气中所夹带的酸雾。从除酸器出来的煤气经迷宫式捕雾器进一步除酸后，送至终冷洗苯装置。

饱和器煤气系统安全操作要领及注意事项如下。

（1）岗位严禁烟火，必须动火时，需办理动火证并采取安全措施，以防火灾或爆炸事故发生。

（2）煤气设备发生泄漏时，应立即设置警戒区域，并采取措施防止伤害事故发生。

（3）煤气设备或管线动火时，应在进出口堵上盲板，并用蒸汽赶尽煤气，经检测合格后方可动火。

（4）饱和器满流口必须正常满流，满流槽液位保持 2/3 以上，防止煤气冒出，并保证母液不溢出。

F　终冷器

终冷器的工作原理和结构与初冷器是一样的，为横管式结构，内部有若干横向管道，冷却水在管道中循环。

终冷器煤气系统安全操作要领及注意事项如下。

(1) 煤气设备和管道，未经批准不得动火，操作区域禁止吸烟。

(2) 消防工具、器材必须经常保持良好备用状态。

(3) 操作范围内地面不准积油和其他引火物，若有应及时处理。

(4) 经常检查煤气水封管道和设备的漏煤气情况，发现问题及时处理。

(5) 煤气管道或设备检修时，应切断相连的蒸汽管道并堵上盲板，经检测无煤气时才能进入或检修。

(6) 各水封管应保持畅通。

(7) 停工时，当用蒸汽清扫设备后，不能立即关闭顶部放散管，防止造成真空损坏设备。

(8) 坚守岗位，提高警惕，注意安全，无上级指示，不接待外来人员。

G　洗苯塔

洗苯塔是用来脱除焦炉煤气中的苯的主体设备，煤气从洗苯塔下部进入，从下往上运动，由粗苯蒸馏装置来的贫油在洗苯塔顶部喷洒吸收煤气中的苯，洗苯后的煤气去脱硫装置。

洗苯塔煤气系统安全操作要领及注意事项如下。

(1) 工作岗位严禁烟火，易燃易爆物如棉纱、手套等严禁放在热力管线上。

(2) 检修苯管道、贮槽、泵时，必须用有色金属工具，用铁工具时必须做好防火措施。

(3) 消防器材必须完整好使，不得移作他用。

(4) 各设备接地保持良好，发现隐患及时处理，每年春季应检查塔器接地电阻两次。

(5) 煤气设备、管道等应保持严密不漏气，必须入内检修时应通蒸汽赶尽煤气，并在出入口堵上盲板。

(6) 严禁携带火种、火柴等引火物和穿钉子鞋进入现场，破布、油渣等易燃物不得堆积现场。

(7) 工作现场不准动火，必要时必须经有关部门批准并做好防火措施。

(8) 经常对设备、管道、阀门等进行检查，发现漏油或漏煤气的，要及时汇报并做处理。

H　管式炉

管式炉是焦化厂常用的加热设备，也是化工行业常用的一种加热设备，操作危险性相对较大，是化工企业煤气安全隐患的重点。

管式炉煤气系统安全操作要领及注意事项如下。

(1) 严格执行门卫登记制度，不经同意，不得私自进入。

(2) 消防器材必须完整好使，不得移作他用。

(3) 煤气设备、管道等应保持严密不漏气，必须入内检修时应通蒸汽赶尽煤气，并在出入口堵上盲板。

(4) 严禁携带火种、火柴等引火物和穿钉子鞋进入现场，破布、油渣等易燃物不得堆积现场。

（5）工作现场不准动火，必要时必须经有关部门批准并做好防火措施。

（6）管式炉点火时要先供火源，再开煤气喷嘴阀门。

（7）管式炉不许用纸或破布点火，必须用专用的煤气点火管点火，不许正面点火或看火。

（8）如果第一次点火不成功，需要重新点火时，炉膛需重新扫汽后再点火。

（9）若管式炉煤气喷嘴阀门关不严，必须处理后方可按规定点火。

（10）管式炉正常生产时，煤气交通阀应稍开一点，由于自调阀门会因突然停风而关闭，风源恢复时又启动送煤气，炉膛有发生爆炸的危险。

3.2.1.3　焦炉煤气设备开停工操作

A　初冷器开停工操作

a　初冷器开工（送煤气）

（1）确认循环水系统正常，关闭循环水放空管阀门。

（2）将初冷器上下段水封槽及初冷器前煤气水封注满水。

（3）打开初冷器放散管，通蒸汽赶空气，待放散管见大量蒸汽 5min 后，按规定步骤通入煤气。

（4）开入口煤气阀门，通入煤气，用煤气赶蒸汽，同时关闭蒸汽阀门。

（5）在放散管取样，做爆发实验，至合格为止，关闭放散管。

（6）逐渐打开出口煤气阀门，并与风机房保持联系。

（7）依次通入少量循环水、低温水。当初冷气出口温度升高时，调节水量使温度符合技术规定。

（8）打开冷凝液排出口阀门。

（9）开启上下段冷凝液泵喷洒混合液。

b　初冷器停工

（1）关闭煤气出口阀门。

（2）依次关闭循环水、低温水，并将各段冷却水放空。

（3）关闭煤气入口阀门。

（4）关闭循环焦油喷洒阀门。

（5）向初冷器内通蒸汽，密切观察初冷器内压力，正压时打开放散管，吹扫1.5~2h。

（6）吹扫完毕后停止蒸汽，并保持放散管敞开。

（7）冬季长期停用，应将水放空，水封稍加蒸汽保温。

c　已清扫或备用的初冷器开工

（1）确认初冷器进出口煤气阀门处于关闭状态、初冷器顶部放散管处于打开状态后，向初冷器通蒸汽或 N_2，见放散管大量冒汽 5min 后，在初冷器顶部放散管处取样，做吹扫过程气体含氧量测试，合格（含氧量小于 1%）后，先关闭吹扫汽（气）源，再关闭放散管。

（2）打开初冷器煤气入口阀门。

（3）打开初冷器煤气出口阀门。

（4）依次打开循环水和低温冷却水阀门，调节煤气温度和出水口温度，使之达到技术规定。

（5）开启上下段冷凝液泵，进行混合液喷洒。

（6）遇清扫初冷器停蒸汽时，立即关闭蒸汽阀门，但不能关闭放散管阀门，防止初冷器内部形成真空，损坏设备。

B 电捕焦油器开停工操作

a 电捕焦油器开工前准备工作

（1）新建或大修后的电捕焦油器开工前，必须清除电捕焦油器内杂物。

（2）在堵人孔和抽出煤气盲板前做空载电路试验，确认设备是否完好，确认电器、仪表等各部分处于良好状态，绝缘箱与电器部分的绝缘电阻测量符合标准。

（3）当人孔堵好后进行打压试验，风压不大于 0.35MPa。经 2h 后，其下降率不大于 2%，合格后方准抽出煤气盲板。

（4）检查电捕焦油器排液管是否畅通无误。

b 电捕焦油器开工

（1）运行前将绝缘箱缓慢通入蒸汽，使温度上升到 100~110℃。

（2）将水封槽注满水。

（3）氮气置换空气。打开电捕焦油器顶部与管间的放散阀门，向电捕内充氮气（包括沉淀极管），器内压力不得高于 0.025MPa，将设备内空气赶出，检测气体含氧量，当含氧量小于 1% 时，关闭进电捕焦油器氮气阀门，同时关闭放散管阀门。

（4）煤气置换氮气。打开电捕煤气入口阀门同时慢慢打开煤气出口阀门，注意观察风机吸力波动情况，在正常时关闭煤气旁通管阀门。

（5）打开冷凝液管阀门，并检查是否畅通。

（6）打开瓷瓶绝缘子密封用氮气阀门，确认绝缘子内通入的保护氮气流量，使其符合规定。

（7）通知电工送电，按控制柜启动按钮，逐级升压至规定电压和电流，转入正常操作。

c 电捕焦油器停工

（1）按控制柜停止按钮，通知电工断开控制柜电源，隔离高压电源。

（2）打开电捕焦油器煤气旁通管阀门，确认煤气通过后，关闭电捕煤气出入口阀门，打开氮气阀门，置换电捕煤气，待机体内正压后，打开本体放散管。

（3）打开沉淀极管间的交通阀门。

（4）在放散管处进行气体分析，确认设备内煤气被氮气完全置换后，关闭氮气管阀门。

（5）逐步关闭瓷瓶绝缘子密封氮气加热阀门，为防止瓷瓶破裂，待 2h 后降至常温，绝缘箱停止加热，关闭瓷瓶绝缘子密封氮气阀门。

（6）先用氨水冲洗电捕焦油器，再用蒸汽清扫电捕焦油器内的焦油、萘等杂物，直至无焦油流出为止，关闭蒸汽阀门。

（7）如电捕焦油器需解体检修时，用蒸汽清扫，待放散管冒大量蒸汽 8h 后放净电捕内液体，蒸汽清扫畅通后关闭排液管阀门。

C　鼓风机系统开停工操作

a　鼓风机起机

（1）鼓风机开车前必须使循环氨水泵、初冷器循环冷却水处于正常运行状态，保证焦炉集气管煤气冷却和初冷器煤气冷却。

（2）初冷器系统送煤气工作已完成。

（3）大循环阀门和鼓风机进出口煤气阀门处于关闭状态。

（4）与焦炉联系，要求集气管压力维持在 100~150Pa，使电捕焦油器出口以前负压管道及设备处于正压状态。

（5）风机启动半小时前，通知焦炉增加集气管压力，并分下列三步通气、赶空气、送煤气、做爆发试验，至合格为止。

1）首先，打开风机前放散管放散，在初冷器出口阀门后开蒸汽吹扫，待放散管大量冒蒸汽 5min 后，打开初冷器出口阀门，停止蒸汽，用煤气赶蒸汽。在放散管处做爆发实验，至合格为止。

2）其次，打开风机进口阀门后放散阀，开风机后排液管蒸汽吹扫阀门，向风机前管道吹扫，放散管冒蒸汽 5min 后，在放散管处做爆发实验，至合格为止。

3）最后，开机后煤气总管道蒸汽，在硫胺前煤气放散管放散，待大量冒蒸汽 5min 后即可启动风机。

b　鼓风机停机

（1）接到停机指示后，立即与调度室、焦炉、配电室等联系。

（2）启动电油泵（维持油压不低于 0.05MPa），并检查电油泵运行是否正常。

（3）切断鼓风机电机电源。

（4）迅速关闭进出口煤气阀门和大循环阀门。

（5）停机后，通蒸汽清扫鼓风机机体和冷凝液排出管，注意机体温度不得超过 70℃（若停机后准备继续运转，则可先不通蒸汽）。

（6）每分钟盘车一次，每次转 90°，至轴温降至 40℃为止。

（7）轴承温度降至低于 40℃时，停运电油泵，并停止向初冷器给冷却水。

（8）停运电机通风机。

c　鼓风机并联开机

（1）开机之前，运行的鼓风机吸力应调节保持在合适的吸力。

（2）通知电工、仪表工，检查电气设备及线路绝缘情况和仪表、计器是否灵活好用。

（3）油箱油量不得低于运转油位，必要时加油。

（4）确认油压报警器打到铃声档位，启动电油泵，检查油压、油温及回流情况。

（5）向机体内通蒸汽进行暖机，控制机壳温度不超过 70℃；暖机后，将待开风机出口阀门开 1~2 扣，用煤气赶机体内的蒸汽，由机壳处取样做爆发实验，直至合格。合格后，将出口阀门开至 2/3 位置。

（6）开启电机通风机，调节翻板，检查送风情况。

（7）检查冷凝液排出系统是否畅通，并于开机前 5min，将机前负压冷凝液排出，管阀门关闭。

（8）盘车（向运转方向）并检查是否有异常现象。

（9）开机前，用电话通知调度室、焦炉上升管工、配电室等单位。

（10）开机后压力保持在15000Pa左右。必要时硫氨、粗苯打开交通阀。

（11）电动鼓风机启动。

鼓风机并联开机开停机注意事项如下。

（1）应注意吸力过大造成焦炉上升管负压，防止大量空气进入煤气系统。

（2）尽量把两台风机的电流调节平衡，吸力大小用大循环阀门调节。

（3）两机并联运行5~6h后，确认检查各部位是否有问题。

（4）在接到停机指示后，并检查确认无误时，把需停的风机出口阀门关闭3/4位置，并调节机前吸力，使之稳定。

（5）切断要停的风机电源，认真观察风机的转数，慢慢关闭出口阀门与进口阀门（不得使煤气风机倒转），关闭大循环管阀门。

D 饱和器系统开停工操作

a 饱和器开工

（1）开工前确认饱和器及其所属设备、仪表、电气是否具备开工条件。

（2）配备6%~8%酸度的母液，具备开工数量。

（3）开小母液泵往饱和器内喷洒母液至满流槽液封满流为止。

（4）将饱和器出口放散管打开，通入蒸汽将空气赶出。放散管见蒸汽5min后，关闭蒸汽。稍开煤气入口阀门，放散管大量冒煤气后，做爆发实验，合格后关顶部放散管。

（5）与风机房取得联系，缓慢全开饱和器出、入口阀门，缓慢关闭其他煤气交通阀，并密切注意煤气压力及饱和器阻力。

（6）满流槽见液面后开启大母液循环泵、结晶泵，及时向饱和器内补充母液，保证满流槽正常满流。

（7）开工正常后检查调整按正常操作进行。

b 饱和器停工

（1）停工前与风机房和粗苯取得联系，打开洗苯塔交通阀，注意机后压力变化。

（2）提高母液酸度至13%~15%。

（3）开启饱和器煤气交通阀，慢关饱和器煤气进出口阀门，停工时间长的话要堵盲板。

（4）停止大小母液循环泵，饱和器内母液抽空后，停结晶泵。

（5）若结晶泵不上量，向饱和器注水，泵上量后即可关闭。

（6）分别放空饱和器、循环泵和小母液循环泵结晶泵内及其进出口管内母液。

（7）全开饱和器顶部放散管通入蒸汽吹扫，取样做爆发实验，至合格为止。

c 倒换饱和器操作

（1）检查待投用饱和器煤气预热器及其附属设备管道是否有泄漏及堵塞现象，阀门是否灵活。

（2）将原使用的饱和器内结晶清理干净并提高酸度至8%~10%。

（3）改好小母液泵的出口阀门，开泵往待投用饱和器送母液至满流槽水封满流为止，打开待投用饱和器放散管。

（4）用蒸汽吹扫待投用饱和器，大量蒸汽放散5min后，开启煤气入口阀门，关闭蒸汽阀门，放散煤气经检测合格后，关闭放散管，打开饱和器出口煤气阀门。

（5）停止原运转大小母液循环泵和结晶泵，开启与此饱和器配套的大小母液循环泵和结晶泵，此时注意补充母液。

（6）与风机房取得联系，慢关原饱和器的煤气进出口阀门，随时观察系统阻力变化。

（7）将停用饱和器各泵及其进出口管母液放空，饱和器用蒸汽保压，检修时堵上盲板。

（8）关好酸管和水封满流管，认真检查现用饱和器各指标是否正常并及时调整。

d　饱和器的特殊操作

（1）饱和器阻力突然增加时，及时与风机房取得联系。若满流口堵塞，则及时加酸处理；若影响风机正常运行，可打开饱和器煤气交互交通阀。

（2）饱和器内液面下降，煤气从满流槽处窜出，应及时向饱和器内加酸加水或从母液贮槽内抽取母液补充，或打开煤气交通阀，关闭煤气进出口阀门。

（3）突然停电时，及时关闭各泵进出口阀门，查明原因。来电时适当提高酸度，若停电时间过长，可请示领导打开煤气交通阀或按正常停产处理。

E　终冷器系统开停工操作

a　终冷器正常操作

（1）按时检查煤气水封是否畅通，各煤气塔器、管道是否正常。若异常应及时处理。

（2）做好本岗位设备的维护，保证各部位指标、温度、阻力正常。

（3）每小时做一次操作记录。

（4）冷凝液泵开泵前或停泵后其进出口管线必须用蒸汽扫透。

b　终冷塔倒换操作

（1）倒换前确认终冷器及其所属设备、仪表、电器是否具备倒换条件。

（2）向煤气水封注满水，终冷器底排液管关闭，器顶放散管打开。

（3）开启终冷器下部直接蒸汽阀门进行吹扫。

（4）待器顶放散管大量冒蒸汽 10min 后停止通蒸汽。

（5）慢慢开启终冷器入口和出口煤气阀门 10% 左右，用煤气赶蒸汽，待顶部放散管见煤气大量放散 10min 后，做爆发实验，合格后关闭放散管。

（6）全开进出口煤气阀门，检查煤气压力表数值是否正常正确。

（7）逐渐关闭原终冷器进出口阀门，并密切关注投用终冷器的阻力。若终冷器阻力过大（>1400Pa），应停止倒换，待处理后再关闭。

（8）煤气系统正常后，开始向终冷器上水，并调节上、下段水量，使煤气温度合乎规定指标。

（9）当终冷器内液面达到一定位置时，开启冷凝液循环泵，终冷塔实现自身循环。

（10）启用终冷塔液位外送自调，打开自调前后阀门，关闭其交通阀，并把液位设定一个合适值。

（11）当终冷器阻力超过 1400Pa 时，通过外送自调把液面降低，然后补洗油循环洗萘。

c　终冷器停工操作

（1）接到停工指令后，倒换备用终冷器。

（2）停止下段冷却水并放空管道积水。

（3）停冷凝液泵，关闭其进出口阀门并吹扫其进出口管，关闭器底排液阀门。

（4）关闭终冷器进出口煤气阀门，打开器顶放散管。

（5）依次打开煤气入口、出口管道上的蒸汽吹扫阀门，终冷器底处蒸汽阀门，用蒸汽赶煤气。

（6）若不需要赶出煤气可只进行到第三步，用煤气保压，以便条件具备后继续开工。

（7）待放散管大量冒蒸汽10min后停蒸汽，放散管保持全开。

（8）打开器底放散管阀门将冷凝液放入地下槽，槽满时送到鼓冷工段。

d 终冷器特殊操作

（1）当终冷器阻力迅速上升时，应立即关小终冷器冷却水。若阻力大到影响风机运行，应及时倒换备用终冷器，然后查明原因再作处理。

（2）当捕雾器水封窜煤气时，应立即关闭水封入口阀门，向器内注满水后再打开。

（3）若冷凝液循环泵抽空，应立即停泵并关闭其进出口阀门，再次开泵前应将其进出口管煤气放空。

F 洗苯塔系统开停工操作

a 洗苯塔开工

（1）开工前应确保洗苯塔及其所属设备、仪表、电气具备正常开工条件。

（2）打开洗苯塔顶放散管，从塔底给蒸汽赶空气；待放散管冒出大量蒸汽10min后，关闭蒸汽阀门，稍开煤气入口阀门，赶出蒸汽；当放散管冒出大量煤气10min后，取样做爆发实验。

（3）爆发实验合格后，关闭放散管，全开煤气出入口阀门。

（4）缓慢关闭煤气交通阀门，密切注意前后煤气压力变化，若阻力过大应停止开工操作，待恢复正常后继续开工操作。

（5）煤气系统正常后开循环泵油泵送油。

（6）根据各塔槽液位情况先后开启各油循环泵进行洗油循环。

b 洗苯塔停工

（1）打开洗苯塔煤气交通阀。

（2）管式炉停火后，待油温降到100℃以下时停止各循环油泵，但保证洗苯塔底洗油液位不超过煤气管道入口。

（3）若短期停用则关闭煤气出口、入口阀门，留5%～10%保持正压。

（4）若长期停用则全关煤气进出口阀门，然后打开塔顶放散管，打开塔底和进出口蒸汽吹扫阀门，用蒸汽赶煤气，直至取样检测合格后停蒸汽，塔顶放散管不得关闭。

G 管式炉系统开停工操作

a 管式炉系统开工

（1）开工前应确保管式炉及其所属设备、仪表、电气具备开工条件。

（2）开工前煤气水封应注满水，保持溢流。

（3）检查炉膛内部，不允许有杂物。

（4）打开烟囱翻板，关闭管式炉、所有人孔、视孔、通风门等。

（5）打开蒸汽入管式炉门阀门和出口管上放散管，保持少许放散。

（6）向炉膛扫气，烟囱顶部见大量蒸汽 5min 后，将烟囱翻板打开，然后开始点火。

（7）先将专用点火燃气管点燃，放在燃气喷嘴处，然后开煤气喷嘴阀门，确认煤气已点燃后，再依次点燃其他喷嘴。

（8）调节煤气量、风量和翻板开度，使管式炉以 10~20℃/h 的速度升温，炉膛温度超过 250℃，以 30~40℃/h 速度升温。

b　管式炉系统停工

（1）管式炉点火，慢慢降温，待炉温降至 300℃ 以下时，方可灭火。

（2）灭火后打开烟囱挡板、视孔、通风门等。

（3）当富油出口温度低于 100℃ 后，通知洗涤工段停循环油泵。

（4）打开管式炉油管吹扫蒸汽将管扫通。

c　管式炉特殊操作

（1）管漏油、着火、停炉操作：

1）立即关闭煤气总阀门和煤气自调阀门，打开消火蒸汽阀门；

2）灭火后全开翻板，打开人孔，炉温降至 50℃ 以下时，对炉内进行检查，确定漏点，进行处理。

（2）突然停电操作：

1）立即关闭煤气喷嘴阀门，再关闭煤气总阀门和自动调节阀门；

2）打开烟囱翻板，降低炉膛温度，通蒸汽赶净炉膛内残余煤气，待烟囱冒蒸汽时关闭蒸汽；

3）短时间来电，可重新开启各循环油泵和管式炉，否则应及时用蒸汽清扫管式炉油管。

（3）突然熄火操作：

1）发现煤气喷嘴突然熄火，应立即关闭入炉煤气总阀门和自动调节阀门及喷嘴阀门；

2）打开煤气翻板，排净残余煤气，必要时打开消火蒸汽赶净煤气，烟囱冒蒸汽时关闭；

3）检查原因，若再次开工按开工规程开炉。

3.2.1.4　高炉煤气主要设备及安全操作要领

A　高炉

在高炉炼铁生产中，高炉是工艺流程的主体，从其上部装入的铁矿石、燃料和熔剂向下运动；下部鼓入空气燃烧燃料，产生大量的还原气体向上运动；炉料经过加热、还原、熔化、造渣、渗碳、脱硫等一系列物理化学过程，最后生成液态生铁、炉渣和高炉煤气。

高炉煤气系统操作安全注意事项如下。

（1）高炉冷却设备与炉壳、风口、渣口以及各水套均应密封严密。

（2）软探尺的箱体、检修孔盖的法兰、链轮或绳轮的转轴轴承应密封严密。

（3）硬探尺与探尺孔之间应用蒸汽或氮气密封。

（4）高炉炉顶装料设备应符合以下要求：

1）炉顶双钟设备的大、小钟钟杆之间应用蒸汽或氮气密封；

2）料钟与料斗之间的接触面应采用耐磨材料制造，经过研磨并检验合格；

3）无料钟炉顶的料罐上下密封阀，应采用耐热材料的软密封和硬质合金的硬密封；

4）旋转布料器外壳与固定支座之间应密封严密；

5）炉喉应有蒸汽或氮气喷头。

（5）新建、改建高炉放散管的放散能力，在正常压力下应能放散全部煤气，高炉休风时应能尽快将煤气排除。

（6）炉顶放散管的高度应高出卷扬机绳轮工作台 5m 以上，放散管、放散阀的安装位置应便于在炉台上操作。放散阀座和阀盘之间应保持接触严密，接触面应采用外接触，应有蒸汽或氮气喷头。

B　重力除尘器

重力除尘器利用含尘气体中的颗粒受重力作用而自然沉降的原理，将颗粒污染物与气体进行分离。

重力除尘器煤气系统操作安全注意事项如下。

（1）除尘器应设置蒸汽或氮气的管接头。

（2）除尘器顶端至切断阀之间应有蒸汽、氮气管接头。除尘器顶及各煤气管道最高点应设放散阀。

C　洗涤塔、文氏管洗涤器和灰泥捕集器

洗涤塔、文氏管洗涤器和灰泥捕集器煤气系统操作安全注意事项如下。

（1）常压高炉的洗涤塔、文氏管洗涤器、灰泥捕集器和脱水器的污水排出管的水封有效高度，应为高炉炉顶最高压力的 1.5 倍，且不小于 3m。

（2）高压高炉的洗涤塔、文氏管洗涤器、灰泥捕集器下面的浮标箱和脱水器，应使用符合高压煤气要求的排水控制装置，并有可靠的水位指示器和水位报警器，水位指示器和水位报警器均应在管理室反映出来。各种洗涤装置应装有蒸汽或氮气管接头，在洗涤器上部，应装有安全泄压放散装置，并能在地面操作。

（3）洗涤塔每层喷水嘴处，都应设有对开人孔，每层喷嘴应设栏杆和平台。

（4）可调文氏管、减压阀组必须采用可靠、严密的轴封并设较宽的检修平台。

（5）每座高炉煤气净化设施与净煤气总管之间，应设可靠的隔断装置。

D　电除尘器

电除尘器煤气系统操作安全注意事项如下。

（1）电除尘器应当设有当煤气压力低于 500Pa（51mmH$_2$O）时，能自动切断高压电源并发出声光信号的装置。

（2）电除尘器应设有当高炉煤气含氧量达到 1%时，能自动切断电源的装置。

E　布袋除尘器

布袋除尘器煤气系统操作安全注意事项如下。

（1）布袋除尘器每个出入口应设有可靠的隔断装置。

（2）布袋除尘器每个箱体应设有放散管。

（3）布袋除尘器应设有煤气高、低温报警和低压报警装置。

（4）布袋除尘器箱体应采用泄爆装置。

（5）布袋除尘器反吹清灰时，不应采用在正常操作时用粗煤气向大气反吹的方法。

（6）布袋箱体向外界卸灰时，应有防止煤气外泄的措施。

F　高炉煤气余压透平发电装置

高炉煤气余压透平发电装置煤气系统操作安全注意事项如下。

（1）余压透平进出口煤气管道上应设有可靠的隔断装置，入口管道上还应设有紧急切断阀，当需紧急停机时，能在1s内使煤气切断，透平自动停车。

（2）余压透平应设有可靠、严密的轴封装置。

（3）余压透平发电装置应有可靠的并网和电气保护装置，以及调节、监测、自动控制仪表和必要的联络信号。

（4）余压透平的启动、停机装置除在控制室内和机旁设有外，还可根据需要增设。

3.2.1.5　高炉煤气停送气方案

A　高炉停煤气操作程序（停用焦炉煤气）

（1）关闭焦炉煤气电动蝶阀。

（2）热风炉全部停止燃烧，同时打开助燃风机放散阀。

（3）通知动力厂，关闭高炉、焦炉煤气眼镜阀切断煤气。

（4）打开煤气预热器煤气总管放散阀。

（5）打开焦炉煤气总管末端放散阀。

（6）打开高炉煤气调节阀。

（7）打开高炉煤气切断阀（各煤气支管放散已打开）。

（8）打开引射器前端煤气电动蝶阀、引射器旁通电动蝶阀。

（9）开煤气预热器进出、口阀，开煤气预热器旁通阀。

（10）如果煤气管道动火，所有煤气水封必须放水。

（11）开高炉、焦炉煤气总管氮气吹扫阀。

（12）开高炉煤气切断阀前端氮气吹扫阀。

（13）氮气吹扫20min后，关煤气预热器煤气总管放散阀。

（14）控制放散阀开度，调整氮气量，保证管道内压力不大于15kPa。

（15）氮气吹扫50min后，关氮气吹扫阀。

（16）通知煤气防护站做检测试验，合格后方可工作。

B　高炉送煤气操作程序

（1）打开煤气预热器末端总管放散阀。

（2）打开焦炉煤气总管末端放散阀。

（3）打开高炉煤气调节阀。

（4）打开高炉煤气切断阀（各煤气支管放散阀已打开）。

（5）开引射器前端电动蝶阀，同时开引射器旁通电动蝶阀。

（6）开煤气预热器进、出口阀门，开煤气预热器旁通阀。

（7）送煤气前，各水封必须注满水。

（8）开高炉、焦炉煤气总管氮气吹扫阀。

（9）开高炉煤气切断阀前端氮气吹扫阀。

（10）氮气吹扫 20min 后，关煤气预热器煤气总管放散阀。

（11）氮气吹扫 50min 后，关氮气吹扫阀。

（12）通知动力厂开高炉、焦炉煤气眼镜阀，送煤气。

（13）煤气放散 30~40min，通知煤气防护站做防爆实验，合格后关闭焦炉煤气总管末端放散阀。

（14）根据煤气压力大小，各炉点火燃烧。

（15）点火正常后，投用煤气预热器和富化煤气。

注：煤气水封包括高炉煤气和焦炉煤气的水封；煤气管道包括高炉煤气和焦炉煤气的管道。

C 高炉煤气系统安全操作规程

（1）在煤气区域工作，必须严格执行煤气安全规程和技术操作规程，应知煤气常识和采取的措施。

（2）工作前必须正确穿戴好劳动防护用品。

（3）对煤气设备的严密性要经常检查，发现漏煤气应及时处理，在处理时要注意风向，必要时要戴防毒面具，并应有煤气防护人员在场。

（4）对新建的煤气设备和检修的煤气系统，要经过严密检查，检查合格后方可使用。

（5）在煤气设备上动火必须办理动火证，经煤气防护站及安全科同意后，方准动火。

（6）在运行的煤气管道或设备上动火时，必须保持煤气正压，并且安装压力表，实时监测，只准用电焊，严禁用气焊，同时要有防护人员在场。

（7）任何人严禁在煤气区域休息。

（8）在煤气区域工作时，必须有两人以上携带煤气报警器，并与该岗位人员联系，经同意并采取可靠的安全措施后方可作业。作业时，要注意风向并认真做好安全监护。

（9）生产用蒸汽和生活用蒸汽要严格分开供应，严禁乱接生产管道的蒸汽，防止煤气中毒。

（10）高炉放风禁止一下子放到 0（热风压力）。

（11）高炉坐料或骤减风压时，必须关好混风调节阀及混风大闸，以防煤气倒入冷风管道。

（12）高炉短期休风后，煤气系统不得任意动火。如必须动火时，必须在炉顶点火后进行。

（13）炉顶点火后，必须有专人看守，以防熄火。

（14）休风后煤气系统点火必须在驱赶完煤气后进行。

（15）高炉休风或大减风时，禁止开关大小钟。

（16）高炉休风时，除尘器不得通入蒸汽，禁止卸灰。

（17）高炉休风更换风口、渣口进行煤气倒流时，应打开部分视孔盖。高炉休风时悬料，料坐不下来，严禁更换风渣口；炉顶休风点火时，火未点着前严禁更换风渣口。

（18）长期休风时，卸下吹管之前不得停鼓风机。

（19）热风炉顶温低于 800℃ 时，必须用明火点火。

（20）高炉检修结束后，在炉顶、除尘器人孔未封好的情况下，严禁联系动力厂进行送气（倒引煤气）操作。

（21）当煤气压力低于 1.5kPa 时，热风炉应立即停烧；低于 1.0kPa 时，煤气管道应立即通入蒸汽。

（22）煤气系统检修时，必须打开管道末端放散阀，蒸汽赶净煤气后，打开煤气管道人孔，经煤气防护站试验合格后方可检修。

（23）长期休风后，煤气管道送煤气时，首先通入蒸汽，将煤气设备内的空气赶净后送煤气，再做防爆实验，合格后方准点火。

（24）热风炉修建维修时，应将热风阀、冷风阀、烟道阀、空气切断阀、煤气切断阀、废气阀堵上盲板，方可施工。

（25）进入球磨机内检修，必须采取措施进行 CO 和 O_2 含量的测定，O_2 含量低于 19.5% 时不得入内。

（26）冬季生火的单位，必须办理生火证，室内保持通风良好。

（27）在煤气区域或进入设备内工作时，要严格执行国家工业卫生标准规定。

3.2.1.6　转炉煤气回收操作要领及注意事项

转炉炼钢是以铁水、废钢、铁合金为主要原料，不借助外加能源，靠铁液本身的物理热和铁液组分间化学反应产生热量而在转炉中完成炼钢过程。炼钢过程通过供氧、造渣、加合金、搅拌、升温等手段完成炼钢基本任务。转炉生产过程中产生转炉煤气。

转炉煤气回收操作安全要领及注意事项如下。

（1）转炉煤气活动烟罩或固定烟罩应采用水冷却，罩口内外压差保持稳定的微正压。烟罩上的加料孔、氧枪、副枪插入孔和料仓等应密封充氮保持正压。

（2）转炉煤气回收设施应设充氮装置及微氧量和 CO 含量连续测定装置。当煤气含氧量超过 2% 或煤气柜高度达到上限时，应停止回收。煤气的回收与放散应采用自动切换阀，若煤气不能回收而向大气排放，烟囱上部应设点火装置。

（3）每座转炉的煤气管道与煤气总管之间应设可靠的隔断装置。

（4）转炉煤气抽气机应一炉一机，放散管应一炉一个，并应间断充氮，不回收煤气时，应点燃放散。

（5）湿法净化装置的供水系统应保持畅通，确保喷水能熄灭高温气流的火焰和炽热尘粒。脱水器应设泄爆膜。采用半干半湿和干法净化的系统，排灰装置应保持严密。

（6）煤气回收净化系统应采用两路电源供电。

（7）活动烟罩的升降和转炉的转动应连锁，并应设有断电时的事故提升装置。

（8）转炉煤气抽风机应适应转炉烟气的特点，在调节抽气量时，其压力变化不大，同时风机在小风量运转时不喘震，应具有良好的密封性和防爆性能。

（9）转炉操作室和抽气机室、加压机房之间应设直通电话和声光讯号，加压机房和煤气调度之间设调度电话。

（10）转炉煤气回收净化区应设消防通道。

（11）转炉回收各单体设备之间以及他们与墙壁之间的净距离不小于 1m。

（12）转炉煤气电除尘器应符合下列规定：

1）电除尘器入口、出口管道应设可靠的隔断装置；

2）电除尘器应设有当转炉煤气含氧量达到1%时，能自动切断电源的装置；

3）电除尘器应设有放散管及泄爆装置。

3.2.1.7 转炉停送煤气操作

A 送煤气操作

（1）将所有烧嘴阀门、煤气支管放水阀门、计量仪表、取压阀门全部关闭，接通吹扫氮气管与煤气管间的接管。

（2）打开煤气管道末端放散管的阀门后往管内通氮气并启动风机。

（3）待各部位放散管冒出氮气15~20min，关闭氮气阀门和煤气管道吹扫管阀门，拆开氮气接管，然后打开煤气总管阀门送煤气。

（4）打开煤气管阀门放水后将此阀门关闭。

（5）放散管冒煤气后，取样做爆发试验，合格后关闭放散管阀门，并打开计量仪表取压阀门。

B 点火操作

（1）加热炉点火必须由三个人配合操作，一人持火把、一人开阀门、一人负责指挥。

（2）先将炉门打开，并打开烟道闸板。

（3）点着火把（火势要旺）对准距离烧嘴口100mm左右，同时打开烧嘴，着火后拆除火把。

（4）烧嘴必须依次点燃，全炉烧嘴点燃后，再根据需要调节阀门，使火焰燃烧正常，炉子横宽温度一致，要符合规定要求。

C 停煤气操作

（1）关闭各烧嘴截止阀、计量仪表取压阀门。

（2）关闭煤气总管闸阀。

（3）打开放散管阀门，接通氮气吹扫管内煤气。

（4）煤气支管末端放散管冒氮气10min后，关闭氮气阀门。

（5）打开放水管阀门，将管内水放出，放完水后关闭放水管阀门。

3.2.1.8 发生炉煤气安全操作要领

煤气发生炉是以煤炭、空气、水蒸气作为原料生产煤气的先进能源转换设备，是发生炉煤气产生的主体设备。

A 日常检查事项

（1）水套和各水封严禁缺水。

（2）水封水位正常情况下，若发现煤气冒出，应减少鼓风机进风量。

（3）经常清除水封中的异物，保持水位高度。

（4）炉膛煤灰结渣严重时，应打开炉门清除炉渣，重新点火。

（5）煤气发生炉底部渣池应经常清渣，不得堵塞渣池，否则影响卸渣和损坏传动系统。

（6）经常排放输气管中的积水，清除管壁沉积的煤焦油，保持管路畅通。

（7）发生炉正常工作时，上下钟阀必须处于关闭状态。

加煤时，上下钟阀操作顺序是：当煤进入第一节煤斗时，且炉盖已经处于闭合状态，打开上钟罩（下面手柄）；当进入第二节煤斗时，关闭上钟罩，打开下钟罩（上面手柄）；当煤进入炉体内，关闭下钟罩。操作时必须做到两严禁：严禁上钟罩常开，严禁上、下钟罩同时打开；定期清理水封槽内杂物，确保炉盖密封。

B 安全操作规定

（1）司炉工必须经过专业的培训，持证上岗。

（2）煤气炉安装场所不得存放易燃、易爆物品。

（3）设备工作时，因为炉膛内充满煤气和高温，所以可能会有火焰喷出，因此严禁揭盖进行观察，严禁面对加煤孔打开加煤箱盖。

（4）停炉时必须将煤气发生炉与燃烧器连接管道隔离（即水泵必须冲水至溢流口高度）。

（5）临时或长时间停炉时，必须揭开放散口盖，以防止回火爆炸。

（6）每周一次清除防爆盖内的沉积物，确保防爆盖开、闭灵活。

（7）点火时必须关小一次风，人站在点火孔或炉门侧面 1m 外，以防煤气窜出伤人。

（8）点火时先把火棒放在加热炉后，再送煤气点火，然后开二次风，先小再逐渐加大。若一次点火不成，应将废气排出后再进行送煤气，逐个烧嘴点燃。

（9）当遇到突然停电时，应立即打开放气烟囱，把水放掉，关闭通向生产加热炉的一槽水箱（加煤气）。

（10）迅速打开六只观察孔盖（打钎孔盖），突然停电时使用。

（11）经常检查煤气管道，防止渣油堵塞或煤气泄漏，有问题及时排除。

（12）煤气炉打钎时，打开汽封，蒸汽不要开得过大，封住即可，每次只准打开一只。

（13）一般控制高度在观察孔测下去至煤层 1.8m 左右。

（14）一般情况下火层颜色是偏红的，不要有冒火情况。

3.2.1.9 发生炉停送气操作

A 发生炉点火前检查

（1）检查各管道是否畅通，各阀门是否灵活，各种零件是否齐全，位置是否正确，能否正常使用。

（2）检查各种电器、仪表是否指示正确，开关是否良好。

（3）接通电源后生产用水、蒸气压、水压、电压是否正常。

（4）检查各部位的安全防爆装置是否有效。

（5）检查操作时各种工具如扳手、钳子、铁锤、钎棒等是否准备齐全。

B 点火前的准备工作

（1）准备好点火用的木材、刨花等引火材料。

（2）准备好煤渣、煤。

（3）加煤斗内放满煤，所有水封部位灌满水（翻盖水封、观察孔水封、灰盘水封、灰盆底下一次风机水封）。

（4）准备好封炉门的耐火泥。

（5）打开放气烟囱。

（6）煤气总阀及放散除尘水箱加满水（把通向加热炉的水封加满水，通向放散烟囱的水封加水至排水位，冷却水带加满水）。

（7）自产蒸汽：水夹套及气包加水至液面玻璃管上限限位。

C　铺炉及点火

（1）选用充分燃烧过的 30～100mm 炉渣铺炉，使风帽能有较强的透风能力。炉渣高出风帽 150～200mm 以保护风帽，铺好后应吹风片刻，使炉层通风顺畅。

（2）炉渣上面加入适当的木材、刨花，然后关紧炉门，炉门用耐火泥封闭。

（3）从平台上面观察孔加入适当的柴油。

（4）点燃火把，从观察孔放入炉内使木柴点着，然后启动一次风机使木材烧旺。

（5）放入木柴，当火力很旺时，可加入少量煤并启动鼓风机，使四周燃烧均匀后，便可加厚煤层，使之正常气化并准备送煤气，并同时把蒸汽送入一次风管内。

（6）煤气放散烟囱出口有适当黄色烟气时即表示煤在正常气化。

D　加热煤气点火

（1）打开加热炉的烟道闸门，打开需点火的煤气阀门、热风阀门。

（2）把通向加热炉的水封箱的水放至排水位，同时加满通向放散烟囱的水封箱的水，即煤气送入加热炉。

（3）第一次点火时，先开一个烧嘴，当煤气从烧嘴出来时，用点燃的火把放至加热炉烧嘴进行点火，使烧嘴着火，确认第一个烧嘴已点燃，其他烧嘴逐个点燃，严禁爆炸式点火。若一次点火不成，应将废气排除后再进行送气，重新点火。

（4）烧嘴着火后，启动一次风机进行助燃。根据加热炉加热的工艺要求，调节煤气量及风量，使温度达到工艺要求。

3.2.1.10　焦炉煤气储存回收操作

焦炉煤气柜的主要任务是把焦化厂煤气净化车间来的焦炉煤气进一步脱萘、脱硫后，精制成符合城镇居民使用的民用煤气，进行贮存、加压，按需求外供。

A　焦炉煤气柜投运

a　检查准备

（1）按安全规程规定做好一切相应的安全准备工作。

（2）检查各阀门是否灵活好用，是否处在规定的位置。

（3）检查油泵站油泵手动、自动是否灵活好用，并投入运行。

（4）检查活塞油沟油位是否在规定位置。

（5）检查柜底及进出口底部排水阀门是否关闭，水封是否注水并达到规定水位高度。

（6）仪表、电气设备应完备准确，符合运行要求。

（7）预备油箱应充满油，并关闭其两侧阀门，溢流箱阀门应全部打开。

（8）联系调度，将氮气送至柜外阀门前。

（9）将煤气送到气柜入口闸阀处。

（10）撤离柜内活塞上的全部人员及气柜外的非工作人员。

b　用氮气置换空气

（1）打开氮气阀门向柜内送氮气。

（2）使活塞上升 3~5m，关闭氮气阀门，停止向柜内充气。

（3）打开吹扫放散阀（3 根），放散柜内混合气体（要严格控制活塞的运行速度，活塞着床速度要小于 0.01m/min）。

（4）活塞着床后，柜内压力降到 500~800Pa 时，关闭吹扫放散阀。

（5）按上述步骤反复进行操作，直至化验合格（含氧量小于 1%）为止。

c　用煤气置换氮气

（1）待柜内含氧量小于 1% 后，开启煤气进口阀门，向柜内充入煤气。

（2）按"氮气置换空气"步骤二~步骤四进行操作。

（3）做煤气全分析，合格后停止。

B　焦炉煤气柜停运

（1）关闭气柜进出口阀门（必要时堵上盲板）。

（2）打开吹扫放散阀，使气柜按规定速度下落。

（3）当柜容降至 2000m³ 时，调小放散量，使活塞缓慢下落，最后以 0.01m/min 着床。

（4）用氮气置换柜内煤气（与氮气置换空气操作相同）。

（5）当柜内压力降为零后，停运油泵，关闭油水分离器进油阀门。

（6）等活塞油沟油漏完后（注意底部油沟放水），打开人孔，使气柜通过放散管与大气接通，必要时采取强制通风。

（7）经测试含氧量（体积分数）达到 19.5%~23.5% 时，方可进入柜内作业。

3.2.1.11　高炉煤气转炉煤气储存回收操作

高炉煤气柜、转炉煤气柜的主要作用是贮存系统不平衡时富余的高炉煤气、转炉煤气，减少高炉煤气、转炉煤气放散。当煤气减产、管网压力降低时，可利用气柜内贮存的煤气补充管网压力，维持用户在一定时间内正常使用。当煤气来源中断时，可以保持系统压力，在安全上起到一定的作用。

A　煤气柜投运操作

a　检查准备操作

（1）检查所有检修项目是否完成，满足投运条件。

（2）检查柜体部分人孔是否全部封好。

（3）检查各阀门是否灵活好用，是否处在规定的位置。

（4）检查油泵站油泵手动、自动是否灵活好用并投入运行。

（5）检查活塞油沟油位是否在规定位置。

（6）检查柜底及进出口底部排水阀门是否关闭，水封是否注水并达到规定水位高度。

（7）仪表、电气设备应完备、准确，符合运行要求。

（8）预备油箱应充满油，并关闭其两侧阀门，溢流箱阀门应全部打开。

（9）提前通知氮气站，保证煤气柜投运需要的氮气量。

（10）撤离柜内活塞上的全部人员及气柜外的非工作人员。

（11）电梯吊笼运行正常。

b 氮气置换空气操作

（1）打开氮气阀门向柜内送氮气。

（2）当柜内压力大于 6174Pa（630mmH$_2$O）时，注意活塞上升速度，通过控制氮气的进气量控制上升速度，活塞上升速度不大于 0.5m/min。

（3）使活塞上升 3~5m，关闭氮气阀门，停止向柜内充气。

（4）缓缓开柜底放散阀放散柜内混合气体，通过调整放散阀的开度控制活塞下降速度（活塞着床速度要不大于 0.1m/min）。

（5）活塞着床后，柜内压力降至 500~800Pa 时，关闭吹扫放散阀。

（6）分别在三个放散管取样化验柜内氧气含量各一次，并做好详细记录。

（7）按上述步骤反复进行操作，直至化验合格为止（氧含量小于 1%）。

c 煤气置换氮气（与高炉、转炉车间共同完成）

（1）待柜内氮气置换空气合格后，开启煤气出口阀门，向柜内充入煤气。

（2）按"氮气置换空气"步骤二~步骤六进行操作。

（3）当含氧量小于 1% 时，用 CO 测定仪检测 CO 含量达到 20% 以上合格为止。

（4）可靠断开氮气吹扫管。

B 煤气柜停运操作

（1）接到停运气柜通知后，应做好相应的准备工作。

（2）关闭气柜进出口阀门（必要时堵上盲板）。

（3）打开吹扫放散管，使气柜按规定速度下落（下降速度不大于 0.5m/min）。

（4）当柜容降至 3000m^3，调小放散量，使活塞缓慢下落，活塞越接近柜底，要求下降速度越低，使活塞缓缓着床后，关闭放散管。

（5）氮气置换柜内煤气（与氮气置换空气操作相同）。

（6）当柜内压力降至零后，停运油泵，关闭油水分离器进油阀门。

（7）待活塞油沟漏油完后，打开人孔，使气柜通过放散管与大气接通，必要时采取强制通风。

（8）经测试含氧量（体积分数）大于 19.5%，CO 含量小于 24ppm❶（30mg/m^3）时，方可入内工作。

3.2.2 煤气设施的检修

3.2.2.1 煤气设施检修基本要求

（1）煤气设施停煤气检修时，应可靠地切断煤气来源并将内部煤气吹净。长期检修或停用的煤气设施，应打开上下人孔、放散管等，保持设施内部的自然通风。

（2）进入煤气设施内工作时，应检测 CO 和 O$_2$ 含量。经检测合格后，允许进入煤气

---

❶ 1ppm = 10^{-6}。

设施内工作时，应携带 CO 和 O_2 监测装置，并采取防护措施，设专职监护人。CO 含量不超过 24ppm❶（$30mg/m^3$）时，可较长时间工作；CO 含量不超过 40ppm❶（$50mg/m^3$）时，入内连续工作时间不应超过 1h；不超过 80ppm❶（$100mg/m^3$）时，入内连续工作时间不应超过 0.5h；不超过 160ppm❶（$200mg/m^3$）时，入内连续工作时间不应超过 15min～20min。

工作人员每次进入设施内部工作的时间间隔至少在 2h。

（3）进入煤气设备内部工作时，安全分析取样时间不应早于动火或进塔（器）前 0.5h，检修动火工作中每两小时应重新分析；工作中断后恢复工作前 0.5h，也应重新分析。取样应有代表性，防止死角。当煤气密度大于空气密度时，取中部、下部各一气样；煤气密度小于空气密度时，取中部、上部各一气样。

（4）打开煤气加压机、脱硫、净化和贮存煤气等系统的设备和管道时，应采取防止硫化物等自燃的措施。

（5）带煤气作业或在煤气设备上动火，应有作业方案和安全措施，并应取得煤气防护站或安全主管部门的书面批准。

（6）带煤气作业如带煤气抽堵盲板、带煤气接管、高炉换探料尺、操作插板等危险工作，不应在雷雨天进行，不宜在夜间进行；作业时，应有煤气防护站人员在场监护；操作人员应佩戴呼吸器或通风式防毒面具，并应遵守下列规定：

1）工作场所应备有必要的联系信号、煤气压力表及风向标志等；

2）距工作场所 40m 内，不应有火源并应采取防止着火的措施，与工作无关人员应离开作业点 40m 以外；

3）应使用不产生火星的工具，比如铜制工具或涂有很厚一层润滑油脂的铁制工具，距作业点 10m 以外才可以安设投光器；

4）不应在具有高温源的炉窑等建（构）筑物内进行带煤气作业。

（7）在煤气设备上动火，除应遵守第 1 条和第 2 条的有关规定外，还应遵守下列规定。

1）在运行中的煤气设备上动火，设备内煤气应保持正压，动火部位应可靠接地，在动火部位附近应装压力表或与附近仪表室联系。

2）在停产的煤气设备上动火，除应遵守吹扫和置换的相关规定外，还应遵守以下规定：

①用可燃气体测定仪测定合格，并经取样分析，其含氧量接近作业环境空气中的含氧量；

②将煤气设备内易燃物清扫干净或通上蒸汽，确认在动火全过程中不形成爆炸性混合气体。

（8）电除尘器检修前，应办理检修许可证，采取安全停电的措施。进入电除尘器检查或检修，除应遵守本标准有关安全检修和安全动火的规定外，还应遵守以下事项：

1）断开电源后，电晕极应接地放电；

2）入内工作前，除尘器外壳应与电晕极连接；

3）电除尘器与整流室应有联系信号。

---

❶　$1ppm = 10^{-6}$。

（9）进入煤气设备内部工作时，所用照明电压不得超过 12V。

（10）加压机或抽气机前的煤气设施应定期检验壁厚，若壁厚小于安全限度，采取措施后才能继续使用。

（11）在检修向煤气中喷水的管道及设备时，应防止水放空后煤气倒流。

3.2.2.2　停煤气安全操作

（1）煤气生产、输配使用单位必须制定完善的停煤气操作方案和安全措施。

（2）煤气管网、设备停煤气作业，停用部分必须与再用部分使用盲板阀或盲板可靠切断。作业前，必须检查合格，填写相关工作票。

（3）停煤气操作前必须通知用户停止使用煤气，待关闭支管阀门和仪表，做好必要的准备，经确认后，在规定的时间内进行停煤气操作。

（4）检修项目完工，备用设备在备用状态时，必须实施可靠切断煤气，并经氮气置换合格（含氧量不超过 1%）后，方可备用。

3.2.2.3　送煤气安全操作

（1）送煤气前必须制定引送煤气方案和安全措施。

（2）送煤气前要全面检查，经严密性实验合格，通知用户关闭人孔，排水器充满水保持溢流，关闭炉前烧嘴，打开末端放散管，经确认无误后方可进行下一步操作。

（3）送煤气前通入蒸汽或 N_2 进行置换，达到要求后，关闭蒸汽或 N_2（吹扫完毕严密关闭放散管，防止管线蒸汽冷凝形成真空抽瘪管道或设备），随即渐开煤气阀门（阀门开度的 1/5 处），开始送煤气（待引送煤气合格后，方可将阀门开启到满足生产的最大程度），末端放散 5~10min，从管线末端取样，经做爆发试验、含氧量分析（含氧量不超过1%）三次合格后，停止放散。

（4）送煤气后应检测所有连接部位和隔断装置等是否有泄漏。

3.2.2.4　点火安全操作

（1）煤气管线引送煤气合格后，方可实施炉窑点火。炉窑点火作业必须由专业技术人员组织，按照炉窑点火技术操作规程和安全规程要求，认真落实安全措施后方可实施。

（2）使用炉窑点火，必须办理《使用煤气炉窑点火作业票》。点火时，炉内系统应保证一定的负压，点火前必须监测炉膛内可燃气体含量，确认炉膛内无可燃爆炸性混合气体方可点火。

（3）点火程序：必须先点火后送煤气。严禁先送煤气后点火。凡送煤气前已烘炉的炉子，其炉膛温度超过 800℃（1073K）时，可不点火直接送煤气，但应严密监视是否燃烧。

（4）送煤气时不着火或着火后又熄灭，应立即关闭煤气阀门，查清原因，排净炉内混合气体，监测炉膛，确认无爆炸危险，再按规定程序重新点火。

（5）凡强制送风的炉子，点火时应先开启鼓风机，打开放散管吹扫管线，但不送风，待点火送煤气燃着后，再逐步增大供风量和煤气量。停煤气时，应先关闭所有烧嘴，然后再停鼓风机。

（6）点火时煤气压力必须在 1000Pa 以上，低于 1000Pa 停止使用（煤气发生炉另有规定的从其规定）。

（7）操作人员必须坚守岗位，防止煤气熄火、回火、脱火等造成事故。

3.2.2.5   带煤气作业安全注意事项

（1）凡带煤气作业，作业人员必须佩戴防护、监测仪器，进入现场前必须检查确认防护、监测仪器的有效性，做到好用。

（2）夜间不准带煤气作业，特殊情况下，若在夜间进行，应设两处以上投光照明，照明应防爆且距施工作业地点 10m 以上，并保证足够亮度。

（3）带煤气作业不准在低气压、大雾、雷雨天气和具有高温热源的炉窑、构筑物内进行。

（4）操作有大量煤气逸出时，应警戒周围环境，40m 内为禁区，有风力吹向下风侧应视情况扩大禁区范围。

（5）凡煤气带压进行危险作业，因压力过高威胁到附近岗位人身安全和施工顺利进行时，必须通知煤气管理单位和生产单位，并做好周围人员的疏散。

（6）原则上不宜带压进行抽堵盲板作业，高炉煤气因工艺缺陷无法停煤气，煤气压力一般应维持在 1000Pa 以下，并有防止压力过高发生危险和压力波动太大的措施，严格落实后方可实施。焦炉煤气、转炉煤气、铁合金炉煤气严禁带压抽堵盲板作业。

（7）带煤气动火作业，必须严格执行《煤气设备及管道动火的安全规定》中有关条款。

（8）室内带煤气作业，必须强制通风，室内禁止一切火源，室外 40m 之内为禁火区。

（9）带煤气作业时，不准穿钉子鞋及携带火柴、打火机等引火装置，现场严禁吸烟。

（10）在高空带煤气作业点作业时必须按标准设立平台、围栏、斜梯、应急用逃生设施；在地下带煤气作业点作业时必须按标准设置立斜梯、应急用提升装置等安全设施。

（11）带煤气作业地点的现场负责人应随时掌握煤气压力控制情况。

（12）带煤气作业应使用铜制工具或涂抹黄油、甘油的钢质工具。

3.2.2.6   煤气管网、设备动火作业

A   动火前的安全检查与准备工作

（1）在煤气管网、设备上动火，必须严格清理动火区域（距动火点 40m）内易燃、易爆物品。

（2）必须认真检查动火区域内煤气可能的泄漏点（如法兰、焊口、阀门、水封等），确认无泄漏。

（3）准备好灭火、降温用品及防毒仪器，如消防器材、氮气、蒸汽、黄泥、湿草袋、呼吸器、监测报警仪等。

（4）制定完善可行的施工方案和安全措施，并确认贯彻落实。

B   带煤气动火

（1）煤气压力不得低于 1500Pa（低压管道不低于 100Pa），并保持正压稳定。

（2）对煤气管网、设备内的气体介质进行含氧量分析，含氧量不得超过 1%。

（3）在动火处附近设临时压力表或利用就近值班室压力表观察煤气压力变化情况。必须设专人看守压力表。当压力低于规定极限时，应立即通知动火现场，停止作业。

（4）带压进行煤气动火作业有煤气逸出时，必须采取可靠防止煤气中毒、着火、爆炸的安全措施，防止意外事故发生。

（5）在带压煤气管网、设备上动火，只能使用电焊，不准使用气焊。

（6）动火现场除有关管理、操作和监护人员外，其他无关人员一律不得靠近。

C　停煤气动火

（1）必须可靠切断煤气来源，严禁以阀门或水封等代替盲板。

（2）煤气可靠切断后，煤气管网设备必须用 N_2 或蒸汽彻底清扫、置换，清扫置换完毕要选代表性强的（防止死角）采样点采集气样并分析，经三次间隔采样分析合格（CO 含量不超过 $30mg/m^3$）后，方可动火。

（3）煤气管网、设备在动火过程中必须带有适量 N_2 或蒸汽，以防管网、设备内其他易燃物质发生危险，并防止氮气逸出造成人员窒息，对蒸汽要防止烫伤。

（4）进入煤气管网、设备内作业，严格执行有关受限空间作业安全管理规程，必须经自然（或强制）通风后进行气样分析，未经许可禁止入内。允许进入时，应采取防护措施并设专人监护。

4 安全用具标识

4.1 安全标志识别

4.1.1 安全标志的定义及分类

4.1.1.1 安全标志的定义

安全标志是指用以表达特定安全信息的标志，由图形符号、安全色、几何图形（边框）或文字所构成。

安全标志的作用主要在于引起人们对不安全因素的注意，预防事故发生。

4.1.1.2 安全标志的分类

安全标志分为禁止标志、警告标志、指令标志和提示标志四类。

A 禁止标志

禁止标志的含义是禁止人们不安全行为的图形标志，其基本形式是带斜杠的圆边框，如图 4-1 所示。

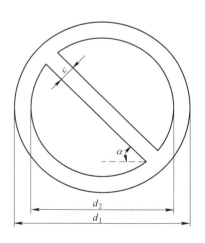

图 4-1 禁止标志的基本形式

图 4-1 中的各参数含义为：外径 $d_1 = 0.025L$；内径 $d_2 = 0.800d_1$；斜杠宽 $c = 0.080d_1$；斜杠与水平线的夹角 $\alpha = 45°$；L 为观察距离。

常用禁止标志如图 4-2 所示。

 禁止吸烟　　 禁止带火种　　 禁止烟火　　 禁止靠近

 禁止停留　　禁止攀登　　 禁止吊篮乘人　　 禁止跨越

 禁止堆放　　 禁止穿化纤服装　　 禁止放易燃物　　 禁止转动

 禁止通行　　 禁止戴手套　　 禁止入内　　 禁止合闸

 禁止跳下　　 禁止用水灭火　　 禁止穿带钉鞋　　 禁止启动

 禁止抛物　　 禁止开启无线通讯设备　　 禁止操作有人工作　　 禁止乱动消防器材

图 4-2　常用禁止标志

B　警告标志

警告标志的含义是提醒人们对周围环境引起注意，以避免可能发生危险的图形标志，其基本形式是正三角形边框，如图4-3所示。

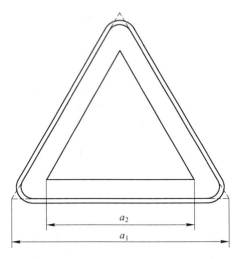

图4-3　警告标志的基本形式

图4-3中的各参数含义为：外边 $a_1 = 0.034L$；内边 $a_2 = 0.700a_1$；边框外角圆弧半径 $r = 0080a_2$；L 为观察距离。

常用警告标志如图4-4所示。

图 4-4 常用警告标志

C 指令标志

指令标志的含义是强制人们必须做出某种动作或采取防范措施的图形标志, 其基本形式是圆形边框, 如图 4-5 所示。

图 4-5 中的各参数含义为: 直径 $d = 0025L$; L 为观察距离。

常用指令标志如图 4-6 所示。

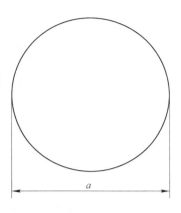

图 4-5 指令标志的基本形式

图 4-6 常用指令标志

D 提示标志

提示标志的含义是向人们提供某种信息（如标明安全设施或场所等）的图形标志，其基本形式是正方形边框，如图 4-7 所示。

图 4-7 提示标志的基本形式

各参数含义为：边长 $a = 0025L$；L 为观察距离。

常用提示标志如图 4-8 所示。

图 4-8 常用提示标志

4.1.2 安全标志的辅助标志

4.1.2.1 方向辅助标志

提示目标的位置时要加方向辅助标志，如图 4-9 所示。

4.1.2.2 文字辅助标志

文字辅助标志的基本形式是矩形边框，分为横写和竖写两种。

禁止标志和指令标志为白色字，警告标志为黑色字。禁止标志、指令标志衬底色为标志的颜色，警告标志衬底色为白色，如图 4-10 所示。

横写时，文字辅助标志写在标志的下方，可以与标志连在一起，也可以分开。

图 4-9　应用方向辅助标志示例

图 4-10　横写的文字辅助标志

竖写时，文字辅助标志写在标志杆的上部；禁止标志、警告标志、指令标志、提示标志均为白色衬底，黑色字；标志杆下部色带的颜色应与标志的颜色相一致，如图 4-11所示。

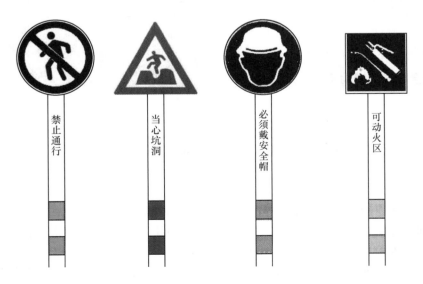

图 4-11　竖写在标志杆上部的文字辅助标志

4.1.3 安全色和对比色

4.1.3.1 安全色

安全色就是传递安全信息含义的颜色，包括红、黄、蓝、绿四种颜色，通常用安全色表示禁止、警告、指令、提示等。

红色用于禁止标志，传递禁止、停止、危险或提示消防设备、设施的信息；黄色用于警告标志，传递注意、警告的信息；蓝色用于指令标志，传递必须遵守规定的指令性信息；绿色用于提示标志，传递安全的提示性信息。

4.1.3.2 对比色

对比色是使安全色更加醒目的反衬色，规定为黑、白两种颜色，见表4-1。

表4-1 对比色

安全色	对比色
红色、蓝色、绿色	白色
黄色	黑色

对比色经常搭配使用，比如红色与白色相间条纹，常应用于公路、交通等方面所使用的防护栏杆及隔离墩，表示禁止跨越；黄色与黑色相间条纹，表示提示人们特别注意；蓝色与白色相间条纹，表示必须遵守规定的信息；绿色与白色相间的条纹，与提示标志牌同时使用，可以更为醒目地提示人们。

4.1.4 安全标志牌的制作及使用要求

4.1.4.1 安全标志牌的制作要求

（1）有衬边。除警告标志边框用黄色勾边外，其余全部用白色将边框勾一窄边，衬边宽度为标志边长或直径的0.025倍。

（2）材质。要用坚固耐用的材料制作，不宜用遇水变形、变质或易燃的材料。有触电危险的主要场所应使用绝缘材料。

（3）标志牌表面质量。要求图形清晰，无毛刺、孔洞和影响使用的任何瑕疵。

4.1.4.2 安全标志牌的使用要求

（1）标志牌应设在与安全有关的醒目地方，并使大家看见后有足够的时间来注意它所表示的内容。

（2）标志牌不应设在门、窗、架等可移动的物体上，以免标志牌随母体物体相应移动，影响认读。标志牌前不得放置妨碍认读的障碍物。

（3）标志牌的平面与视线夹角应接近90°，观察者位于最大观察距离时，最小夹角不低于75°，如图4-12所示。

（4）标志牌应设置在明亮的环境中。

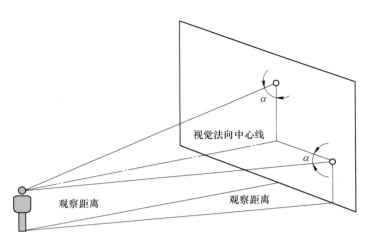

图 4-12　标志牌张贴要求

（5）多个标志牌在一起设置时，应按警告、禁止、指令、提示类型的顺序，先左后右、先上后下排列。

（6）标志牌的固定方式分附着式、悬挂式和柱式三种。悬挂式和附着式的固定应稳固不倾斜，柱式的标志牌和支架应牢固地连接在一起。

（7）其他要求应符合 GB/T 15566 的规定。

4.2　煤气安全检测技术及设备符号识别

煤气检测是煤气安全管理的必备手段。通过检测煤气成分的组成、煤气中的氧含量、作业环境中 CO 的浓度，可以准确地判断煤气设备、煤气操作和作业环境的安全度，为采取监控技术与预防措施提供依据。

在煤气事故的防范措施中，采用煤气报警和煤气检测仪最为直接有效。煤气检测仪的关键部件是气体传感器。气体传感器从原理上可以分为以下三大类：

（1）利用物理化学性质的气体传感器，如半导体式（表面控制型、体积控制型、表面电位型）催化燃烧式、固体热导式等。

（2）利用物理性质的气体传感器，如热传导式、光干涉式、红外吸收式等。

（3）利用电化学性质的气体传感器，如定电位电解式、迦伐尼电池式、隔膜离子电极式、固定电解质式等。

4.2.1　煤气的检测

4.2.1.1　煤气成分的检测

煤气成分可由工业分析得到翔实的数据。煤气的工业分析主要有化学吸附法（奥式类气体分析仪）和气相色谱法（气相色谱仪），前者因其操作简便得到广泛使用，后者分析结果准确、误差小、精度高，在石油化工、冶金企业、食品工业、医学和环境保护等部门得到广泛应用。

4.2.1.2 煤气浓度的检测

工厂发生的煤气中毒，主要是煤气中 CO 引起的，因此对检测要求极其严格。现常用的检测方式有采样泵抽检和 CO 检测仪检测两种形式，另外也经常采用做爆发试验的方式来确定送气作业时煤气浓度是否满足要求。

A 采样泵抽检

利用比色管中颜色的变化进行比长或比色阶来估算 CO 的浓度。其原理是 CO 能和比色管中的强氧化剂 I_2O_5 反应生成 I_2，从而使比色管发生颜色的变化。一般这种检测方法可用于测定 CO 浓度 4ppm❶ 以上浓度的测定。

气体采样泵如图 4-13 所示。

B CO 检测仪

CO 检测仪由电化学传感器取样电路、检测信号显示电路、电压、电流转换电路、报警点调节电路、两级报警器驱动电路、控制接点驱动电路以及声光报警器等组成。

常用的 CO 检测仪有便携式和固定式两种，分别如图 4-14 和图 4-15 所示。

图 4-13 气体采样泵

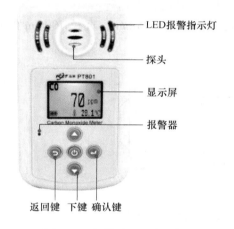

LED报警指示灯

探头

显示屏

报警器

返回键 下键 确认键

图 4-14 便携式 CO 检测仪

图 4-15 固定式 CO 检测仪

固定式煤气（CO）检测仪主要由 CO 传感器和前置放大电路组成，壁挂式安装，可实时检测环境中 CO 气体泄漏情况。当 CO 气体发生泄漏时，煤气（CO）检测仪输出 4～20mA 模拟量信号，由报警控制器发出声光报警，提示工作人员采取相应措施。固定式煤气（CO）检测器广泛应用于石油、化工、冶金、电力、煤矿、水厂等环境，有效防止中毒、爆炸等事故的发生。

---

❶ 1ppm = 10^{-6}。

根据《可燃气体检测报警器使用规范》(SY 6503—2000) 规定，固定式检测仪的设置要求如下。

(1) 检测器宜布置在煤气释放源的最小频率风向的上风侧。

(2) 应设置 CO 检测报警仪的场所，应采用固定式；当不具备设置固定式的条件时，应配置便携式检测报警装置。

(3) 当煤气释放源处于封闭或半封闭厂房内，每隔 15m 可设置 1 台检测仪，检测仪距离释放源不应大于 1m。

(4) 检测焦炉煤气的 CO 检测仪，其安装高度应距地坪或楼地板 0.3~0.6m。

便携式煤气（CO）检测仪，是一种可连续检测作业环境中 CO 浓度的仪器。煤气（CO）检测仪为自然扩散方式检测气体浓度，采用进口电化学传感器，具有极好的灵敏度和出色的重复性；煤气（CO）检测仪采用嵌入式微控制技术，菜单操作简单，功能齐全，可靠性高，整机性能居国内领先水平。检测仪外壳采用高强度工程材料、复合弹性橡胶材料精制而成，强度高、手感好。

C　煤气爆发试验

煤气管道或炉、窑、灶送气点火前，都要用煤气置换管道内残余气体，必须在管道末端取煤气样分析是否置换合格，一是采用仪器检测和化验，二是应用爆发筒做煤气的爆发试验。

利用爆发筒做煤气爆发试验目的是检验所送煤气是否合格，防止煤气在管道和设备内形成爆炸性气体，以避免发生煤气爆炸事故，确保煤气设备的正常运行。

爆发试验筒材质是用 0.5mm 镀锌铁皮制作的，规格是长 400mm、直径 100mm 的圆筒。爆发试验筒结构如图 4-16 所示。

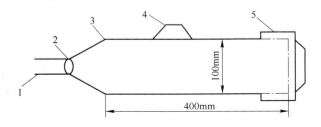

图 4-16　爆发筒结构示意图
1—放气头；2—ϕ10mm 球阀；3—筒体；4—提手；5—筒盖

爆发筒取样的操作方法为：

(1) 在煤气管道或设备送煤气后，经过足够时间的放散，由末端的取样管处将爆发筒筒盖打开，对接取样头或取样管，同时打开煤气取样阀门和打开爆发筒放气头球阀，通入煤气样置换爆发筒内的残余气体；几分钟后先关闭爆发筒放气球阀，再将爆发筒撤离取样点迅速合上筒盖，同时关闭煤气取样阀门。

(2) 手持爆发筒快速离开取样区域到空气上风口，打开爆发筒筒盖，将事先点燃的火种由筒口点燃煤气试样。

(3) 爆发试验点燃时出现爆鸣声，并且筒内煤气无燃烧着，说明煤气样为不合格；爆发试验煤气燃烧着且由筒口缓慢在筒内燃烧着，说明煤气为合格。

合格标准：

（1）高炉煤气燃烧到爆发筒的1/3；

（2）焦炉煤气燃烧基本到爆发筒底；

（3）转炉煤气燃烧到爆发筒的2/3。

做煤气爆发试验时安全注意事项如下。

（1）工作前穿戴好劳动保护用品。

（2）做煤气爆发试验必须两人以上，并且要煤气岗位专人负责进行此项工作。

（3）取样时为防止煤气中毒，应佩戴CO报警器或站在上风侧取煤气样，必要时应佩戴空气呼吸器取样操作。

（4）准备好点燃煤气的火种。

（5）做爆发试验时，爆发筒与地面成45°为宜。

（6）严禁操作者将筒口对准面部观察燃烧情况，二次取样时要待筒内火焰确认熄灭后再取样，以防着火烧伤。

（7）做煤气爆发试验必须三次全部合格后，方可使用煤气。

D　煤气检测仪及其特点

煤气探测器在工业气体泄漏检测报警装置中，是工业用可燃气体及有毒气体安全检测仪器可以固定安装在被测气体泄漏的室内外危险场所，起到现场监测的作用。若监测位置有可燃气体或者有毒气体泄漏时，气体探测器会在第一时间把现场泄漏的易燃、易爆气体或者有毒气体浓度数据传输给气体报警控制器，由气体报警控制器进行数据处理。

煤气检测仪主要特点如下。

（1）测量准确，传感器使用进口敏感元件，具有精确度高，互换性强，可靠性高等特点。

（2）隔爆型仪器，可用于工厂条件的危险场所。

（3）传感器保护，传感器探测头部分采用不锈钢材质，有效地起到防腐蚀的作用；传感器的过滤网为不锈钢颗粒，透气度良好。

（4）具有良好的重复性和抗湿温度干扰性。

（5）性能稳定，灵敏度高。

（6）使用寿命长。

（7）体积小、操作方便。

（8）采用三线制结构，由监控仪表或控制器远离现场察看探测结果。

（9）现场可用带显示和无显示两种。

E　煤气检测仪的安装

煤气检测仪的安装有固定支架、管装、墙壁装等几种方式。

气体探测器应安装在气体易泄漏场所，具体位置应根据被检测气体相对于空气的密度决定。

当被检测气体密度大于空气密度时，气体探测器应安装在距离地面30~60cm处，且传感器部位向下；当被检测气体密度小于空气密度时，气体探测器应安装在距离顶棚30~60cm处，且传感器部位向下。

固定式气体探测器针对气体一对一检测。

当检测范围为 12~15m² 时，可燃气体使用催化燃烧式传感器，有毒气体使用电化学式传感器。

为了正确使用气体探测器，防止气体探测器故障的发生，以下位置不得安装煤气检测仪：

(1) 直接受蒸汽、油烟影响的地方；

(2) 给气口、换气扇、房门等风量流动大的地方；

(3) 水汽、水滴多的地方（相对湿度≥95%）；

(4) 温度在-40℃以下或65℃以上的地方；

(5) 有强电磁场的地方。

F　煤气报警器报警原理

煤气泄漏报警器是非常重要的安全设备，它是安全使用城市煤气的最后一道保护。煤气泄漏报警器通过气体传感器探测周围环境中的低浓度可燃气体，通过采样电路，将探测信号用模拟量或数字量传递给控制器或控制电路。当可燃气体浓度超过控制器或控制电路中设定的值时，控制器通过执行器或执行电路发出报警信号或执行关闭煤气阀门等动作。可燃气体报警器探测可燃气体的传感器主要有氧化物半导体型、催化燃烧型、热线型气体传感器，还有少量的其他类型，如化学电池类传感器。这些传感器都是通过对周围环境中的可燃气体的吸附，在传感器表面产生化学反应或电化学反应，造成传感器的电物理特性的改变。

煤气报警器的核心是气体传感器，俗称"电子鼻"。它是一个独特的电阻，当"闻"到煤气时，传感器电阻随煤气浓度而变化，当煤气达到一定浓度、电阻达到一定数值时，传感器就发出声光报警。所谓声光报警，就是当煤气泄漏使室内浓度达到报警浓度后，报警器的红色指示灯亮，蜂鸣器发出"劈劈"的报警声，所以称为声光报警。质量不过关的传感器，一般 1~2 年性能就下降，因而丧失报警器的安全性。报警器中的其他电子元件（例如变压器、电容器、晶体管等）的寿命都有限，所以煤气报警器都有有效期。为安全起见，一般规定 5 年后必须更换新的报警器。

煤气报警器主要有感应器、信号放大器、报警器和电源四个部分。感应器主要有气敏电阻或气敏半导体，报警器有声报警、光报警和声光并用报警。煤气泄漏时，感应器感应出电信号，送到放大器放大，放大了的信号推动报警器工作。

G　煤气检测仪使用及注意事项

煤气报警器使用者使用气体探测器过程中，如果将空调和取暖设备靠近可燃性气体检测仪安装，当使用空调和取暖设备时，冷、暖气流直接吹过可燃气体报警器，在使用可燃性气体检测仪时应注意电磁干扰。

煤气报警器安装位置、安装角度、防护措施以及系统布线等方面应防电磁干扰。电磁环境对可燃气体报警器的影响主要有空中电磁波干扰、电源及其他输入输出线上的窄脉冲群和人体静电三方面。

例如，可燃气体报警器接近空调安装时，将会引起系统探测出现偏差；探测线路与动力线、照明线等强电线路间距较小，若未加防电磁干扰措施，系统亦将产生探测偏差。使用者使用可燃性气体检测仪过程中应注意易引起故障的因素，如灰尘、高温、潮湿、雨淋等。

当安装煤气报警器的场所需安装排气扇时，排气扇如与可燃性气体检测仪处在相邻位置，就有可能造成煤气报警器铂丝的电阻率发生变化出现误差，因此可燃气体报警器应远离空调、取暖设备，避免设置位置不当引发故障。

例如，散发可燃气体的甲类厂房应选用防爆型的煤气报警器，其防爆等级不应低于现行规范相应的防爆等级要求。泄漏的可燃气体将无法充分扩散到可燃气体报警器附近，造成不能及时探测，贻误时机。

另外，使用者还应注意防爆场所的可燃性气体检测仪的设置，使用可燃性气体检测仪还应注意避免高温、高湿、蒸汽、油烟可到的地方。探测器上勿放置物品或挂置物品。装好的可燃性气体检测仪不能任意移动位置。使用煤气报警器尽量选用传感器探头可更换的产品，以便于使用。很多人在遇到煤气泄漏的时候都手忙脚乱，不知道该采取什么措施。

以下是煤气泄漏后的处置方法：

（1）关闭气源，打开门窗，用水沾湿毛巾捂口鼻；

（2）千万不要随意打电话、开灯，因为那样会引爆燃气；

（3）迅速拨打 119 报警电话；

（4）迅速撤离房间，以防万一；

（5）正确使用煤气报警装置。

4.2.2 煤气的监测

对于大型的煤气设备、设施或者是煤气作业区域和煤气危险区域，需要建立区域监测、报警和控制系统。这样，一旦某点 CO 浓度超过最高限浓度，既可以发出报警信号，还可以与执行器件连锁，启用相应的安全控制设施。

4.2.2.1 煤气检测和监控的地点

（1）煤气危险区域，该区域包括高炉风口及以上平台、转炉炉口以上平台、煤气柜活塞上部、烧结点火器及热风炉、加热炉、管式炉、燃气锅炉等燃烧器旁等易产生煤气泄漏的区域和焦炉地下室、加压站房、风机房等封闭或半封闭空间等。该区域应设固定式 CO 监测报警装置。

（2）煤气生产、净化（回收）、加压混合、储存、使用等设施附近有人值守的岗位，应设固定式一氧化碳监测报警装置。

（3）人员经常停留或作业的煤气区域，宜设置固定式 CO 监测报警装置，对作业环境进行监测。

4.2.2.2 气体浓度单位

常用气体浓度单位主要有体积分数和质量浓度两种，其主要含义如下。

（1）体积分数常以百万分之体积或 10^{-4}% 表示，气体检测仪常用 ppm 作为单位。

（2）气体的质量浓度以 mg/m³ 为单位，质量浓度 X 与体积分数 c 之间的换算关系为：

$$X = \frac{Mc}{22.4}$$

则：

$$c = \frac{22.4X}{M}$$

式中　X——污染物的质量浓度值，mg/m^3；

　　　c——污染物的体积分数，ppm（10^{-6}）；

　　　M——污染物的相对分子质量。

（3）当现场表示高浓度时也用%VOL为单位的体积分数，即1%VOL=10000ppm（10^{-6}）。

（4）当表示气体的爆炸下限还会用到%LEL为单位的体积分数，当可燃性气体浓度达到100%LEL时，遇到电火花就会发生爆炸，不同气体的爆炸下限值不一样，例如氢气4%VOL=100%LEL，甲烷5%VOL=100%LEL。

可燃气体检测仪测量范围0~100%LEL的含义如下。

1）"LEL"是指爆炸下限。可燃气体在空气中遇明火种爆炸的最低浓度，称为爆炸下限（简称%LEL）。

2）可燃气体在空气中遇明火种爆炸的最高浓度，称为爆炸上限（简称%UEL）。

3）爆炸极限是爆炸下限、爆炸上限的总称，可燃气体在空气中的浓度只有在爆炸下限、爆炸上限之间才会发生爆炸。低于爆炸下限或高于爆炸上限都不会发生爆炸。因此，在进行爆炸测量时，报警浓度一般设定在爆炸下限的20%LEL以下。

4.2.2.3　气体安全浓度标准

（1）CO浓度标准见3.2.2.1小节内容。

（2）氧浓度标准。氧浓度保持在体积分数19.5%~23.5%。

（3）可燃气体浓度标准。当其爆炸下限大于4%时，浓度应小于（体积分数）0.5%；当爆炸下限小于4%时，浓度应小于（体积分数）0.2%。

（4）硫化氢。硫化氢浓度安全标准在生产中要求不超过$10mg/m^3$；浓度在$10~15mg/m^3$时，现场环境对生命和健康有潜在风险，工作人员可在控制下工作；浓度在$15~30mg/m^3$时，工作人员在露天可以安全工作8h；浓度达到$150mg/m^3$时称为危险临界浓度，此时对生命和健康会产生不可逆转的或延迟性的影响。

（5）其他有毒物质的最高允许浓度。二氧化硫安全卫生标准为$15mg/m^3$，氨在空气中最高允许浓度为$30mg/m^3$，苯在空气中最高允许浓度为$40mg/m^3$，臭氧在空气中最高允许浓度为$0.3mg/m^3$，金属汞在空气中最高允许浓度为$0.01mg/m^3$。

4.2.3　煤气设备符号识别

为了方便画图和识图，有些设备常用特定的符号来表示，煤气设备也是如此。下面是一些常用煤气设备的图形符号：

煤气阀门类图形符号如图4-17所示。

煤气管道附属装置图形符号如图4-18所示。

煤气设备图形符号如图4-19所示。

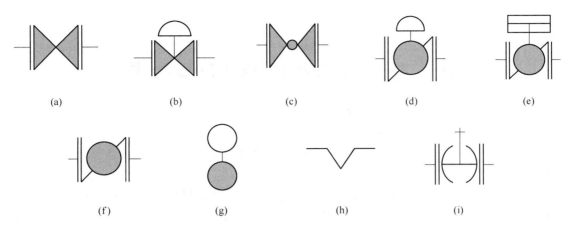

图 4-17 煤气阀门类图形符号

（a）闸阀；（b）电动闸阀；（c）球阀；（d）电动蝶阀；（e）气动蝶阀；

（f）手动蝶阀；（g）眼镜阀；（h）V 形水封阀；（i）NK 型水封阀

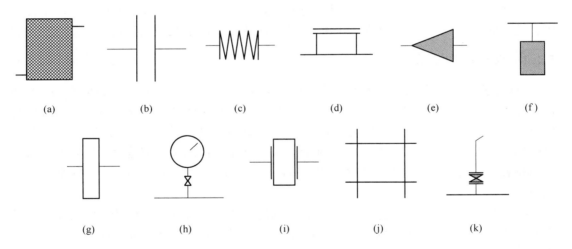

图 4-18 煤气管道附属装置图形符号

（a）过滤器；（b）法兰；（c）波形补偿器；（d）人孔；（e）变径管；（f）排水器；（g）绝缘接头；

（h）；压力表；（i）彭形补偿器；（j）固定支架；（k）放散管

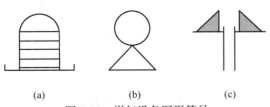

图 4-19 煤气设备图形符号

（a）煤气柜；（b）升压机；（c）法兰顶开装置

　　煤气作业安全技术实际操作考试标准要求，根据给定的煤气设备符号能够标出其所对应的设备名称。

5 煤气作业现场应急处置

5.1 煤气中毒

煤气中毒主要是指一氧化碳中毒以及液化石油气、管道煤气、天然气中毒。煤气中的CO极易与人体中的血红蛋白结合。煤气中毒时病人最初感觉为头痛、头昏、恶心、呕吐、软弱无力，大部分病人迅速发生抽筋、昏迷，两颊、前胸皮肤及口唇呈樱桃红色，若救治不及时，很快会因呼吸抑制而死亡。煤气中毒取决于其吸入空气中所含CO的浓度以及中毒时间的长短。当居室内CO体积分数达到0.06%时，人就会感到头晕、头痛、恶心、呕吐、四肢乏力等症状；当CO体积分数超过0.1%时，只要吸入半小时，人即会昏睡，进而昏迷；当CO体积分数达到0.4%时，只要吸入1h就可致人死亡状。

5.1.1 煤气中毒的原因

CO无色无味，常在意外情况下不知不觉侵入呼吸道，通过肺泡的气体交换进入血液，并散布全身，造成中毒。煤气中含有大量的CO，化学活动性很强，能长时间与空气混合在一起，CO被吸入人体后与血液中的血红蛋白（Hb）结合，生成碳氧血红蛋白（HbCO），使血色素凝结，破坏了人体血液的输氧机能，阻断了血液输氧，使人体内部组织因缺氧而引起中毒。在生产现场，因设备、管道等煤气泄漏是引起煤气中毒的主要原因。

CO与血红蛋白的结合能力比氧与血红蛋白的结合能力强240~300倍，而碳氧血红蛋白的分离要比氧与血红蛋白的分离慢3600倍。当人体20%血红蛋白被CO凝结时，人会发生喘息；当人体30%血红蛋白被CO凝结时，人会头痛、疲倦；当人体50%血红蛋白被CO凝结时，人会发生昏迷；当人体70%血红蛋白被CO凝结时，人会呼吸停止，并迅速死亡。

CO中毒后，受损最严重的组织主要是对缺氧最敏感的组织（如大脑、心脏、肺及消化系统、肾脏等），这些组织的病理变化主要是由于血液循环系统的变化（如充血、出血、水肿等），引起营养不良发生继发性改变（如变性、坏死、软化等）所导致的。

5.1.2 煤气中毒的分类

煤气中毒分为急性煤气中毒和慢性煤气中毒两种。

5.1.2.1 急性煤气中毒

急性煤气中毒是指一个工作日或更短的时间内接触了高浓度煤气所引起的中毒。急性煤气中毒发病很急，变化较快、临床上可分为轻度、中度、重度三级。

A 轻度中毒

轻度中毒表现为头疼、脑晕、耳鸣、眼花、心悸、闷、恶心、呕吐、全身乏力、两腿沉重软弱，一般不发生昏厥或仅有为时很短的昏厥，体征表现仅脉搏加快，血液中碳氧血红蛋白的含量在20%以下。中毒者若能迅速脱离中毒现场，吸入新鲜空气，症状都能很快消失。

B 中度中毒

轻度煤气中毒者如果仍然停留在中毒现场或短时间吸入较高浓度的CO，上述症状明显加重，全身软弱无力，双腿沉重麻木，不能迈步，最初意识还保持清醒，但已淡漠无欲。故此时虽然想离开危险区域，但已力不从心，不能自救，继而很快意识模糊，大小便失禁，嘴唇呈桃红色或紫色，呼吸困难、脉搏加快，进面昏迷，对光反射迟钝，血液中碳氧血红蛋白含量在20%～50%。若及时进行抢救，中毒者数小时内可苏醒，数日可恢复，一般不会出现后遗症。

C 重度中毒

当中度煤气中毒者继续吸入CO或短时间内大量吸入高浓度CO，中毒症状明显加重，很快意识丧失，进入深度昏迷，出现各种并发症，如脑水肿、休克或严重的心肌损害、肺水肿、呼吸衰竭、上消化道出血等。体内碳氧血红蛋白在50%以上时，若不抓紧救治，就有死亡的危险。重度煤气中毒者如能得救也会留有后遗症，如偏瘫、记忆力减退等。

5.1.2.2 慢性煤气中毒

慢性煤气中毒是指长时期不断接触较低浓度煤气所引起的中毒。慢性煤气中毒发病慢，病程进展迟缓，初期病情较轻，与一般疾病难以区别，容易误诊。如果诊断不当，治疗不及时，会发展成严重的慢性中毒。

长期吸入少量的CO可引起慢性中毒，慢性中毒者数天或数星期后才出现神经衰弱综合症状，表现为贫血、面色苍白、心悸、疲倦无力、呼吸表浅、头痛、注意力不集中、失眠、记忆力减退、对声光等微小改变的识别能力较差、心电图异常等。这些症状大多数可以慢慢恢复，也有极少数不能恢复而引起后遗症。

5.1.3 煤气中毒的临床表现及处理原则

5.1.3.1 煤气中毒的临床表现

（1）轻度：头痛、头晕、心慌、恶心、呕吐等。
（2）中度：面色潮红、口唇樱桃红色、多汗、烦躁、逐渐昏迷。
（3）重度：神志不清、呼之不应、大小便失禁、四肢发凉、瞳孔散大、血压下降、呼吸微弱或停止、肢体僵硬或瘫软、心肌损害或心律失常。

5.1.3.2 煤气中毒处理原则

（1）将中毒者及时迅速地救出煤气危险区域，抬到空气新鲜的地方，解除一切阻碍呼吸的衣物，并注意保暖。抢救场所应保持清静、通风，并指派专人维持秩序。
（2）中毒轻微者（如出现头痛、恶心、呕吐等症状），可直接送往附近医院急救。

（3）中毒较重者（如出现失去知觉、口吐白沫等症状），应通知煤气防护站和附近医院赶到现场急救。

（4）中毒者已停止呼吸，应在现场立即做人工呼吸并使用苏生器，同时通知煤气防护站和附近医院赶到现场抢救。

（5）中毒者未恢复知觉前，不得用急救车送往较远医院急救，就近送往医院抢救时，途中应采取有效的急救措施，并应有医务人员护送。

（6）有条件的企业应设高压氧舱，对煤气中毒者进行抢救和治疗。

5.1.4 煤气中毒急救误区

煤气中毒急救要尊重科学，不能盲目施救。如果陷入误区，将导致严重后果。

5.1.4.1 误区一：煤气中毒患者冻一下会醒

一位母亲发现儿子和儿媳妇煤气中毒，她迅速将儿子从被窝里拽出送到院子里，并用冷水泼在儿子身上。当她欲将儿媳妇从被窝里拽出时，救护车已到。儿子因缺氧加寒冷刺激，心跳停止死亡，儿媳妇则经过抢救脱离了危险。另有一爷孙二人同时煤气中毒，村子里的人将两人抬到屋外，未加任何保暖措施。抬出时两人都有呼吸，待救护车来到时爷爷已气断身亡，孙子因严重缺氧导致心脑肾多脏器损伤，两天后死亡。

寒冷刺激不仅会加重缺氧，更能导致末梢循环障碍，诱发休克和死亡。因此，发现煤气中毒后一定要注意保暖，并迅速向"120"求救。

5.1.4.2 误区二：认为有臭渣子味就是煤气

一些劣质煤炭燃烧时有股臭味，会引起头疼头晕。而煤气产生中毒的主要成分是 CO 气体，无色无味，是碳不完全燃烧生成的。有些人认为屋里没有臭味儿就不会发生煤气中毒，这是完全错误的。另外，还有些人以为在炉边放盆清水就可以预防煤气中毒。

科学证实，CO 是不溶于水的，居家预防中毒，关键是门窗不要关得太严或安装风斗，要保持透气良好。

5.1.4.3 误区三：煤气中毒患者醒了就没事

一位煤气中毒患者出现深度昏迷，大小便失禁，经过医院抢救，两天后患者神志恢复，要求出院，医生再三挽留都无济于事。后来，这位患者不仅遗留了头疼、头晕的毛病，记忆力也严重减退，还出现哭闹无常、注意力不集中等症状，家属对于让患者早出院的事感到后悔莫及。

煤气中毒患者必须经医院系统治疗后方可出院，有并发症或后遗症者出院后应口服药物或进行其他对症治疗，重度中毒患者需要一两年才能完全治愈。

5.2 煤 气 火 灾

煤气目前已成为城镇居民生活及工业生产的重要燃料资源，按其生产方式可分为天然生产和人工制造两种。人工制造方法主要有焦炉制气、炭化炉制气、水煤气炉制气、发生炉制气和油制气等。通过制气生产的粗煤气要经过净化处理，达到规定要求后，才可送入储气柜或煤气输配管网供用户使用。

煤气因燃烧无烟、不污染环境、热值高等优点而被广泛应用，但煤气同时也具有易燃易爆、有毒等特性，所以决定了其在生产和输配过程中存在潜在的火灾爆炸危险性。因此，在煤气生产及使用过程中，加强安全控制对减少火灾的发生意义重大。

5.2.1　煤气作业过程火灾危险性

煤气与空气可形成爆炸性气体混合物，火灾爆炸的危险一般在开炉、停炉、闷炉、煤在炉中悬挂下坠、突然断电、突然断水、检修以及煤气泄漏时发生。其主要火源有：

(1) 高温生产设备；

(2) 检修时的焊割、喷灯和明火；

(3) 雷击、静电；

(4) 电气设备及线路产生的电火花；

(5) 铁器碰击、摩擦产生的火星；

(6) 吸烟、纵火等也能引发煤气火灾。

5.2.1.1　原料准备过程

以煤为原料的煤气生产厂，因煤储存时的堆放方法不当、堆放过高过大、堆放时间过长等，都会导致煤氧化放热，积而不散发生自燃，煤在破碎、研磨、筛分或装卸、皮带输送过程中，也易造成煤粉尘飞扬而引发粉尘爆炸。

以渣油为原料的煤气生产厂，由于油品在储存、装卸及输送过程中可能泄漏流散，会使油蒸汽扩散到空气中产生火灾危险。此外，当遭受雷击、静电，以及在设备检修时动用明火，都可引燃油品。

5.2.1.2　制气生产过程

利用焦炉制气时，焦炉炉门和顶部有时会冒出浓烟烈火，处理不当会引燃附近的可燃物；加热用的煤气管道或阀门管件发生泄漏，也会受炉内喷出的火焰或高温炉壁作用而起火或爆炸。

利用炭化炉制气时，烟煤在高温下熔成胶质状，黏附在炉壁上积聚悬空，堵塞通道，当负重过大时会突然下坠，使炉内下部空间的煤气急速从炉底压出。同时又从炉顶吸入大量空气，而在炉膛内与粗煤气混合形成爆炸性气体，在高温条件下发生爆炸。此外，从炉下部排出的大量煤气，也是爆炸的危险源。

利用水煤气炉制气时，由于水煤气的主要成分为 CO 和 H_2，如果发生泄漏或生产系统中吸入空气，则会形成爆炸性气体混合物而发生爆炸事故。

利用发生炉制气时，生产过程的火灾危险基本与水煤气炉制气的火灾危险相同。此外，发生炉顶的操作室也是发生煤气泄漏的关键部位，具有潜在的火灾危险。

油制气时，因油品本身的火灾危险性，使其在催化反应器、废热锅炉、蒸气蓄热器、空气蓄热器等主要生产设备中有发生火灾爆炸的可能。油制气产生的副产品萘和焦油等也属于易燃和可燃物。

5.2.1.3　净化处理过程

在排送工序中，当设备、管道出现破损或操作失误，会发生煤气外泄或吸入空气，特别是排送机的轴封部位易出现微量泄漏，有形成爆炸性混合物的危险。

在脱氨工序中，一般要采用水或稀硫酸吸收脱除煤气中的氨。因为氨具有易燃易爆的性质，若发生泄漏可引起爆炸或中毒。此外，稀硫酸和硫酸铵都具有一定的腐蚀性，可侵蚀设备或管道，使泄漏加剧。

在脱苯工序中，通常采用洗油吸收法脱除煤气中的苯，因为苯是易燃液体，油渣铁质在空气中能发生自燃，若发生泄漏可导致火灾爆炸。

在脱硫工序中，采用湿法脱硫的火灾危险多是设备破损或操作失误，导致煤气泄漏或吸入空气，有时会引起中毒；采用干法脱硫的火灾危险性是由于用过的脱硫剂中含有硫化铁、木屑和油类发生自燃，以及在油类蒸气、煤气泄漏后因违章动火和干箱憋压造成爆燃。

在脱萘工序中，通常是采用轻柴油脱萘的方法，因轻柴油是易燃液体，若填料塔和柴油储罐发生泄漏，遇火源就会引发爆炸事故。

5.2.1.4　煤气计量过程

当计量器具发生故障，以及各种阀门、管件发生煤气泄漏，则有形成爆炸性混合气体的危险。

5.2.1.5　煤气的输配过程

储气柜在长期运转过程中会因基础不均匀沉陷，以及本身构造上的缺陷等原因产生煤气泄漏引发火灾。其易发生泄漏的部位主要是杯环和挂环。

煤气管道受腐蚀或遭受雷击，致使煤气管道发生泄漏，若采用明火或高温强光灯具进行检修，则有可能发生火灾爆炸事故。

5.2.1.6　副产品精炼过程

在蒸馏焦油时，因其生产原料和产品都具有挥发性，油品蒸气可与空气形成爆炸性混合物，而且蒸馏釜多采用明火加热，温度难以控制，火灾爆炸危险性极大。

在提取酚时，因其生产原料和产品多为易燃液体，并且具有毒性和较强的腐蚀性，在生产操作中，由于阀门多，经常要间歇性加热保温，若发生泄漏或操作失误，则可导致火灾事故。

5.2.1.7　废水脱酚过程

煤气厂排出的废水中含有大量的酚、氰、硫等有害物质，必须加以处理。在使用溶剂脉冲萃取脱酚时，作为萃取剂的重苯是易燃易爆品，因此在使用、加工和储运过程中都有产生蒸气爆炸、液体燃烧的危险。

5.2.2 煤气作业过程防火措施

5.2.2.1 煤气厂 (站) 的一般防火要求

煤气厂 (站) 各生产设施耐火等级要求如下。

(1) 煤气厂 (站) 各生产设施应有良好的自然和机械通风条件。甲、乙类生产设施应设置必要的防爆泄压面积,爆炸危险场所的电气设备必须有防爆措施、防雷设施及接地装置。在除尘器、洗涤塔、煤气总管及空气总管上应装设防爆板或防爆阀。在生产系统中还应设置蒸汽吹扫和水封装置,在煤气管道上应设煤气低压报警装置。生产及输配的所有设备和管道应经常检查,严防跑、冒、滴、漏。

(2) 煤气厂 (站) 严禁携带火柴、打火机、烟头等火种进入,不准穿有钉鞋和化纤衣服的人员及汽车、电瓶车或其他机动车辆进入甲类生产区。

(3) 在甲、乙类生产区域内检修动火,应严格执行动火审批制度、制定动火检修技术方案。应完全排出设备和其他连接管道内的可燃气体或液体,排放口下风侧 10m 内应禁止明火,然后关闭所有进出口阀门。动火前,应先使用测爆仪测定,确认安全后方准动火。动火设备的接地电阻不得超过 2Ω。对附近尚在运行的设备应用湿帆布分隔,对周围的油槽应采取局部遮盖措施。乙炔发生器、电焊机不得直接进入甲类生产区内,可采取加长橡皮管和电线等辅助措施。动火时应有人监护,并备有充足的消防水源及灭火器材。动火后,要彻底检查现场并消除残留火种、火源,撤离乙炔发生器和电焊机。煤气设备检修完毕后,封闭底部人孔或倒门,然后依次抽除盲板,用惰性气体或煤气缓缓置换空气,直至排放样品中含氧量小于 1% 时方可使用。

5.2.2.2 原料准备过程

煤场应设在地势较高的地域,地面应进行除湿、压实处理,地下应妥善设置排水沟。不同牌号的原煤应分隔存放,煤堆与厂房、生产装置的距离不得小于 8m,附近也不可堆积可燃物,更不准吸烟。所有设备应经常检查,发现故障及时检修,凡需动火时,须通过审批并做好监护。煤破碎机房的各种电气设备应采用防爆型。

5.2.2.3 制气生产过程

利用焦炉制气的生产场所应装设煤气浓度报警装置,并定为一级防爆区,严禁附近有火源或堆放可燃物。定期检查煤气管道,须保持正压,防止发生泄漏或吸入空气。控制排送机的功率,集气管要保持正压,焦炉出焦时,要正确操作水封。集气管的放散阀应严密无泄漏,遇到停电时,可以立即开启。

利用炭化炉制气的生产厂房四周应设消防通道,厂房与鼓风机房等建筑物安全距离不小于 30m。必须选用经检验符合炭化炉用的煤种,仔细观察炉内情况,发现有悬挂现象,立即停炉处理。炉顶内保持微正压,炉底排焦箱应保持正压。辅助储煤箱的泄爆门,应保持不堵不黏。煤气总管上的自动和手动放空阀应保持安全有效,发生突然停电或其他故障时能立即放空。总管上焦油氨水出口水封应保持不少于 980Pa 的压力。在炉顶操作的工人应穿戴石棉衣裤,炉端通道也应设置石棉防火屏。

利用水煤气炉制气时，水煤气中氧含量不得超过 1%，否则必须停炉将气体放空，禁止输入储气柜，并查明原因及时处理。定期检查各阀门、管道、液压系统和自动连锁机构，要关闭严密，保证其灵敏可靠，防止发生泄漏事故。炉下部风管进口处的防爆门应符合防爆要求。在生产阶段，严禁打开集尘器放灰门，需要放灰时，应尽量避免灰尘飞扬。若发现有火灾危险，应立即停炉，关闭通往中间储气柜的进气阀门，以防止柜内煤气倒流。生产车间内还应设置可燃气体浓度检测报警器。

利用发生炉制气的生产场所，应设置可燃气体浓度检测报警仪和良好的通风设施。炉顶探火孔的蒸汽喷射汽封必须保持安全有效。定期检查炉顶加料阀门，防止煤气扩散入储焦仓。鼓风机和排送机应有连锁装置。鼓风机停止运行时，排送机也随之自动停车。在闷炉检修时，须防止炉内剩余煤气倒回灰盘下面，引起灰斗内爆炸，需要动火时，可按前述防火措施的有关内容执行。闷炉后投入生产，必须先检查煤气中的氧含量，符合标准规定后，方可并线送气。若在生产过程发生火灾，应停止鼓风机和排送机，关闭排送机进出口阀门，封闭水封，切断电源，停止加热。一般先不要开启发生炉的放空阀，以减少煤气的排放扩散，迅速实施扑救。

利用油制气生产时，焦油废水池和地沟应加盖板，若在附近动用明火，还应用湿麻袋遮盖住盖板的缝隙。控制洗气箱水封高度，防止在加热阶段油煤气倒流入空气蓄热器而产生爆炸；控制重油槽的加热温度不得超过 50℃，防止油的挥发或外溢。空气蓄热器、催化反应器、洗气箱的防爆泄压装置应安全有效，防爆片必须符合防爆要求。这些设备需要检修时，应首先做好置换、清洗、隔离和测定，满足要求才能操作。

5.2.2.4　净化处理过程

焦炉和炭化炉一般采用间接式冷凝冷却器，并且在负压下操作。冷凝冷却器的底部液封必须良好。排送机房与其他相关工段应有通信联系设备，便于发生事故时及时通报，进而采取相应措施，室内还应设置紧急备用电源。排送机的交通阀或总交通阀，应经常保持开闭灵活，排送机与有关生产工段的鼓风机还要有连锁装置。另外，所有的电气设备应为防爆型，通风条件良好，同时禁止使用明火。仪表操作间应单独设立。使用电捕焦油器脱焦油雾时，应保证煤气中含氧量不超过 1%。对排出焦油的液封筒，必须防止空气倒吸入系统。此外，设备也应有良好的接地装置。

进行脱氨操作的场所应有防爆措施和良好通风条件，并严禁吸烟等行为，还应制定禁火措施和制度。硫酸泵房的电气线路应穿塑料管敷设，硫酸储槽必须密封。所有设备应有防腐处理措施。整个工序应由总旁通间控制，在紧急情况下能及时开通，不致影响全厂的正常运行。发生火灾时，对生产系统立即采取隔离、泄放等安全措施，防止火势蔓延扩大，但严禁向硫酸设备淋水，以免硫酸放热和飞溅。

进行脱苯作业的建筑应为防爆泄压结构，并设置防护隔离墙，与其他建筑物应保持一定的防火间距。生产车间内应配备灭火器材，必要时还可设置可燃气体监测报警器。苯储槽应设置装有阻火器的放散管。室内室外严禁吸烟，也不准在蒸汽、热油管上烘烤衣物。各种电气设备均应采用防爆型，电话机应装设在空气流通的地方。严格按照有关规定检修设备，设备的清理工作必须连续进行，清理出来的油渣铁质及时处理，以防自燃。全过程要有专人监护。对设备内部检修使用低压灯和手电筒时，应在设备外开闭。在检修期间驶入的机动车辆，其排气管应加装灭火罩。如果需要在塔、槽、罐、管线相连接的群体上使用电焊搭接地线时，应选电阻值小于 2Ω 的地方为接地点。在放散管出口处应设置蒸汽吹扫设施，因雷击发生点燃时，应继续保持生产，以免骤然冷却降压使火焰发生倒流。

使用湿法脱硫时，应经常检查维护生产系统的密闭性，液位调节器应有防止空气吸入脱硫塔的设施，熔硫釜排放硫膏时，周围严禁明火，加强化验室、硫磺仓库、空气压缩机和氨冷冻机装置的防火管理工作。使用干法脱硫时，干箱顶上的防爆安全塞应灵活有效，停用的干箱不可在当天内打开底部的排出孔，所排出的废脱硫剂应在当天就妥善处理。需要动火检修时，应经过严格清洗和测爆仪测定，停用干箱要去掉箱盖，在用干箱的氧含量必须小于 2%。

5.2.2.5 煤气计量过程

计量室应为防爆泄压建筑，周围应有围墙隔离，且不得堆放可燃物，室内要有良好的通风条件，并设有可燃气体检测报警器、蒸汽吹扫设备或惰性气体稀释设备。各类交通阀必须保持良好工作状态，启闭及时，便于操作。

5.2.2.6 煤气的输配过程

城市煤气储柜的容量应在 $10000m^3$ 以上，按有关要求应建造在城市的边缘。距离明火或散发火花的地点、民用建筑、易燃可燃液体储罐、易燃材料堆场、甲类物品库房的防火间距不应小于 4m，与公共铁路线（中心线）的防火间距不应小于 25m，与公路的防火间距不应小于 15m，与架空电力线的防火间距不应小于电线杆高度的 1.5 倍。储气柜周围应用栏杆隔离。储气柜在投产前和检修前必须用煤气置换法和惰性气体置换法先进行置换处理，清除残留的煤气，并通过严格的测试。储气柜需要检修时，应有严密的组织、完善的方案，确保防火安全。需带气焊补时应采取必要的防火措施。

城市煤气管道与建筑物、构筑物及相邻管道的水平净距和垂直净距，以及埋设深度、通过沟渠地沟和避让其他交叉管线的安全措施，应符合国家标准《城市供热管网工程施工及验收规范》（CJJ 28—2014）。煤气干管的布置，其供气管网应呈环状。

煤气管道需要停气降压时，其放散管高度应超过 2m，并远离居民点和火源。检修时严禁使用明火和高温强光灯具。管道破漏燃烧时，应采取隔离警戒，清除邻近的可燃物，并关闭两端的煤气阀门。

地下煤气管道不得在堆积易燃、易爆材料和具有腐蚀性液体的场地下面通过，不宜与其他管道或电缆同沟敷设，套管和地沟应安全可靠。凡可能引起管道不均匀沉降的地段、地基应做相应处理。长距离埋地钢管应通过严格试漏，并有防腐保护措施。此外，还要按一定距离安装隔断阀。

架空的煤气管道，可沿建筑物外墙或支柱敷设，应有导除静电和防雷措施。管道支架禁用燃烧体，周围也不准存放易燃易爆物料。穿越重要厂房设备和生活设施时，应有套管。地下室不宜敷设煤气管道。靠近高温热源时，应采取隔离措施。管道沿线的放水水封应保持最大工作压力 1470Pa。应每月对煤气管道及阀门以涂肥皂水法试漏，发现问题及时处理。

采用塑料煤气管道时，应防止受其他管线施工的冲击，也要防高温和火源。地下管道温度最好保持在 23℃ 左右。管端接口应严密，与金属管接口时尤其要注意。在塑料管的引入端应装设能切断气源的截止阀。

压送机房内应设置单独的仪表操作管理间，机房与操作间应密闭隔离，并严禁吸烟。电机应采用防爆型或通风型，电气线路不得穿越防火墙，机房上部的窗户应开、闭自如，在往复式压送机填料箱口，还应安装单独的吸气排风机。室内还应根据实际情况设置一氧化碳报警装置。

调压室一般设在地上单独建筑内，屋顶应有泄压设施，与一般建筑物、公共建筑物之间净距离 6~25m，必要时应用防火墙分隔。调压装置的交通阀和出口处的安全水封、安全阀必须灵敏有效。需要检修时，应打开全部门窗，不得使用经敲击能生成火花的工具，检修完毕应及时撤除易燃物。

5.2.2.7　副产品精炼过程

蒸馏煤焦油的操作应有低温-高温的缓冲阶段，蒸馏釜顶上的安全阀应保持灵敏有效，安全管应与无水的油槽相同。蒸馏釜底的煤气燃烧器应有灭火点燃装置，冷凝器应有蒸汽保温装置。输送焦油、萘油和沥青的管道和阀门均应使用蒸汽夹套保温，严禁使用明火加热。过热蒸汽加热炉应设置在无油渣及可燃气体排出的地方，敞开式冷冻油槽必须设置在石棉瓦屋顶的简易建筑内。需要动火检修时，必须在置换、清洗、检验分析合格的前提下进行。

进行提酚的生产厂房应有良好的通风条件，设置高压蒸汽锅炉房时，应做好隔离，防火间距也不得小于 10m。加热器、蒸发器等设备上的压力仪表、温度仪表以及玻璃窥镜等应定期检查，保持安全可靠，否则应及时更换。设备、管线应做好防腐管理，发现破损及时处理。严格遵守安全操作规程，各种阀门、管线、设备、化学溶剂储槽均应有明显标志。酚精馏塔高空动火时，四周应用帆布遮挡，其动火下方的酚罐、油槽等应严密封盖。针对酚类产品有毒、腐蚀性强和易燃等特性，发生火灾时要尽早切断电源，并注意防止化学性灼伤和中毒。

5.2.2.8　废水脱酚过程

使用重苯作萃取剂脉冲萃取脱酚时，除了重苯蒸馏釜放出的渣油必须灌装在密闭的桶里外，其他防火安全要求与前述净化处理过程防火措施"脱苯作业"相同。

5.2.3　煤气着火事故处理原则

煤气设施着火时，应逐渐降低煤气压力，通入大量蒸汽或氮气，但设施内煤气压力最低不得小于 100Pa（10.2mmH$_2$O）。不应突然关闭煤气闸阀或水封，以防止回火爆炸。直径小于或等于 100mm 的煤气管道起火，可直接关闭煤气阀门灭火。

煤气隔断装置、压力表或蒸汽接头、氮气接头，应有专人控制操作。

5.3　煤气爆炸

煤气爆炸是指煤气瞬时燃烧，产生高温高压的冲击波，从而造成强大的破坏力。

5.3.1 煤气爆炸的原因

（1）煤气来源中断，管道内压力降低，造成空气吸入，使空气与煤气混合物达到爆炸范围，遇火产生爆炸。

（2）煤气设备检修时，煤气未吹赶干净，又未进行分析检测，急于动火造成爆炸。

（3）堵在设备上的盲板，由于年久腐蚀造成泄漏，动火前又未做试验，造成爆炸。

（4）窑炉等设备正压点火。

（5）违章操作，先送煤气后点火。

（6）强制供风的窑炉如鼓风机突然停电，造成煤气倒流，也会发生爆炸。

（7）焦炉煤气管道及设备虽然已吹扫，并检验合格，但如果停留时间长，设备内的积存物受热挥发，特别是萘升华气体与空气混合达到爆炸范围，遇火同样会发生爆炸。

（8）烧嘴不严，煤气泄漏到炉内，点火前未对炉膛进行通风处理。

（9）在停送煤气时，未按规章办事，或停煤气时，未把煤气彻底切断，又没有检查就动火。

（10）烧嘴点不着火，再次点火前未对炉膛做通风处理。

（11）煤气设备（管道）引煤气后，未进行爆发试验，急于点火。

5.3.2 煤气爆炸事故的处理及预防

5.3.2.1 煤气爆炸事故的处理

（1）立即切断煤气来源，并迅速把煤气处理干净。

（2）对出事地点严加警戒，绝对禁止通行，以防更多人中毒。

（3）在爆炸地点40m范围内禁止火源，并防止着火事故。

（4）迅速查明爆炸原因，在未查明原因之前，禁止送煤气。

（5）组织人员抢修，尽快恢复生产。

（6）煤气爆炸后，产生着火事故按着火事故处理，产生煤气中毒事故，按煤气中毒事故处理。

5.3.2.2 煤气爆炸事故的预防

（1）送煤气前，对煤气设备及管道内的空气用蒸汽或氮气置换，然后用煤气赶走蒸汽和氮气，并逐段做爆发实验，直到合格后方可送给用户。

（2）正在生产的煤气设备和不生产的煤气设备必须可靠断开，切断煤气来源时必须用盲板。

（3）对要点火的炉子需要进行严格的检查，如烧嘴开闭器是否关严、是否漏气、烟道阀门是否全部开启，确保炉膛内形成负压方可点火。然后待煤气燃着后，再调整到适当的大小。如果点着后又熄灭了，需要再次点火时，应立即关闭烧嘴阀门，对炉膛仍需作负压处理，待煤气吹扫干净后再点火送气。

（4）在已可靠切断煤气来源的煤气设备及煤气管道上动火时，一定要经检查、检测合格后方可动火。在长时间未使用的煤气设备动火，必须重新进行检测、鉴定，合格后方可动火。

（5）在运行中的煤气设备或管道上动火，应保证煤气的正常压力，只准用电焊，不准用气焊。同时要有监护人员在场。

（6）凡停产的煤气设备，必须及时处理残余煤气，直到合格。

（7）煤气用户应装有煤气低压报警器和煤气低压自动切断装置，以防止回火爆炸。

（8）检修后投产的设备，在送煤气前，除严格按标准验收外，必须认真检查有无火源，有无静电导入的可能，然后才能按照第一条的规定送气。

（9）停、送煤气时，下风侧一定要管理好明火。

为了防止煤气爆炸，各岗位操作人员必须严格执行本岗位安全操作规程，防护人员必须对煤气设备做周密的检查，一切检查和分析必须有记录、有数据，在安全的基础上确认无爆炸性混合气体时，才能让操作人员工作。

5.4　个人防护与急救

个人防护是一种为保护个人免受生产劳动环境中有害因素危害的措施，属于一级预防的范畴。在某些情况下，如发生事故或检修设备时，个人防护可起到重要的防护作用。个人防护用品是指在劳动生产过程中使劳动者免遭或减轻事故和职业危害因素的伤害而提供的个人保护用品，直接对人体起到保护作用。个人防护用品按其防护部位的不同可分为头部防护、眼面部防护、呼吸器官防护、听觉器官防护、躯干防护、手部防护、足部防护、防坠落和护肤用品等。

5.4.1　呼吸防护用品的选择、使用与管理

呼吸防护用品也称呼吸器，是防御缺氧和空气污染物进入呼吸道的防护用品。根据我国职业病目录，80%以上的职业病都是由呼吸危害导致的，长期暴露于有害的空气污染物环境（如粉尘、烟、雾、或有毒有害的气体或蒸气），会导致各种慢性职业病（如矽肺病、焊工尘肺、苯中毒、铅中毒等），短时间暴露于高浓度的有毒、有害气体中（如 CO 或 H_2S），会导致急性中毒；暴露于缺氧环境中，会致死。呼吸防护用品是一类广泛应用的预防职业健康危害的个人防护用品。

5.4.1.1　呼吸防护用品的基本分类

呼吸防护用品从设计上分为过滤式和供气式两类，如图 5-1 所示。

过滤式呼吸器是依靠过滤元件将空气污染物过滤掉后用于呼吸的呼吸器。使用者呼吸的空气来自污染环境，最常见的是自吸过滤式防颗粒物或防毒面罩。自吸过滤式呼吸器靠使用者自主呼吸克服过滤元件阻力，吸气时面罩内压力低于环境压力，属于负压呼吸器，具有明显的呼吸阻力；动力送风过滤式呼吸器靠机械动力或电力克服阻力，将过滤后的空气送到头面罩内呼吸，送风量可以大于一定劳动强度下的人的呼吸量，吸气过程中面罩内压力可维持高于环境气压，属于正压式呼吸器。

供气式呼吸器也称隔绝式呼吸器，呼吸器将使用者的呼吸道与污染空气完全隔绝，呼

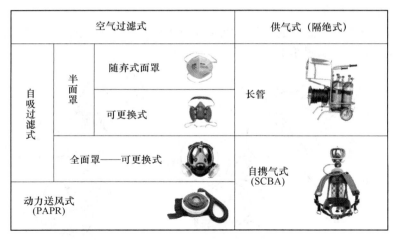

空气过滤式			供气式（隔绝式）
自吸过滤式	半面罩	随弃式面罩	长管
		可更换式	
	全面罩——可更换式		自携气式 （SCBA）
动力送风式 （PAPR）			

图 5-1 呼吸防护用品分类

吸空气来自污染环境之外。其中，长管呼吸器是依靠一根长长的空气导管，将污染环境以外的洁净空气输送给使用者呼吸。对于靠使用者自主吸气导入外界空气的设计，或送风量低于使用者呼吸量的设计，吸气时面罩内呈负压，属于自吸式或负压式长管呼吸器；对于靠气泵或高压空气源输送空气，在一定劳动强度下能保持头面罩内压力高于环境压力，就属于正压长管呼吸器。自携气式呼吸器简称 SCBA，呼吸空气来自使用者携带的空气瓶，高压空气经降压后输送到全面罩内呼吸，而且能维持呼吸面罩内的正压，消防员灭火或抢险救援作业通常使用 SCBA。

5.4.1.2 呼吸防护用品的构造

自吸过滤式呼吸器是最常用的产品，包括随弃式防颗粒物口罩、可更换式防颗粒物或防毒半面罩和全面罩。下面分别介绍这三种呼吸器的基本构造和特点。

A 随弃式防颗粒物口罩

防颗粒物口罩俗称防尘口罩，其基本构造如图 5-2 所示。其中，图 5-2（a）为没有呼气阀型，图 5-2（b）为带有呼气阀型。

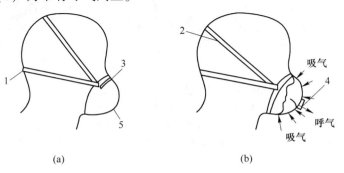

图 5-2 随弃式防颗粒物口罩构造

1—下方头带；2—上方头带；3—鼻夹；4—呼气阀；5—过滤元件做成的面罩本体

　　B　可更换式半面罩

　　可更换式半面罩是半面罩的一种，除了面罩本体外，过滤元件、吸气阀、呼气阀、头带等部件都可以更换，如图5-3所示。

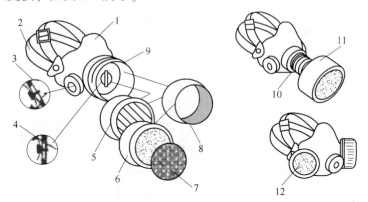

图5-3　可更换式半面罩

1—面罩本体；2—头带；3—呼气阀；4—吸气阀；5—防颗粒物过滤元件；
6—防毒过滤元件；7—防颗粒物预过滤层；8—过滤元件固定盖；9—过滤元件承接座；
10—过滤元件接口；11—单过滤元件设计；12—双过滤元件设计

　　C　可更换式全面罩

　　全面罩覆盖使用者口、鼻和眼睛，分大眼窗设计和双眼窗设计两类，分别如图5-4和图5-5所示。

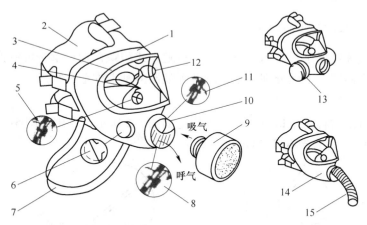

图5-4　可更换式全面罩（大眼窗）

1—面罩本体；2—头带；3—面镜；4—口鼻罩；5—吸气阀；
6—通话器；7—颈带；8—呼气阀；9—过滤元件（防颗粒物、防毒或综合防护）；
10—过滤元件接口；11—吸气阀；12—眼镜架；13—双过滤元件设计；14—单过滤元件设计；15—呼吸导管

5.4.1.3　呼吸防护用品的使用

　　在使用呼吸器之前，使用者要仔细阅读、理解产品使用说明书，并接受培训，了解

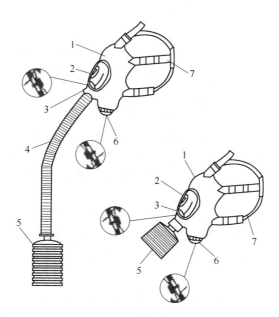

图 5-5　可更换式全面罩（双眼窗）

1—面罩本体；2—目镜；3—吸气阀；4—呼吸导管；5—滤罐；6—呼气阀；7—头带

呼吸危害对健康的影响，掌握呼吸器的使用与维护方法，熟悉产品结构、功能和限制，练习面罩佩戴、调节和做佩戴气密性检查的方法，并掌握部件更换、清洗和储存等要求。

　A　随弃式防护口罩佩戴方法

（1）佩戴口罩，并调整头带位置。

（2）按照自己鼻梁的形状塑造鼻夹，务必用双手操作。

（3）做佩戴气密性检查，正压方法是用双手盖住口罩快速吹气，如果感觉面罩能微微隆起，说明没有漏气；负压方法是用双手盖住口罩快速吸气，看口罩是否有塌陷，若口罩稍稍向里塌陷，说明密合良好。若感觉口罩漏气，应重新调整口罩的佩戴位置、调节鼻夹。

（4）口罩佩戴好后才能进入工作区，不得佩戴泄漏的口罩进入污染工作区。

　B　可更换式半面罩佩戴方法

（1）戴上面罩后应调节头带松紧度。

（2）调节颈部头带的松紧，注意不要过紧，造成不适。

（3）调整好面罩位置后，做佩戴气密检查，负压式佩戴气密性检查是用手掌盖住滤盒或滤棉的进气部分，然后缓缓吸气，如果感觉面罩稍稍向里塌陷，说明密合良好。正压式佩戴气密性检查是用手盖住呼气阀出口缓缓呼气，如果感觉面罩稍微鼓起，但没有气体外泄，说明密合良好。应注意，有些面罩的设计只允许做一种佩戴气密性检查。

　在作业场所张贴相关产品佩戴方法的挂图，可以提醒人们进行正确佩戴。

C　呼吸防护用品的维护和使用管理

a　日常检查

（1）检查过滤元件有效期。国家标准规定，防毒过滤元件必须提供失效期信息，购买防毒面具要查验过滤元件是否在有效期内。防毒过滤元件一旦从原包装中取出存放，其使用寿命将会受到影响。

（2）检查面罩。对呼吸器面罩通常没有标注失效期的要求，其使用寿命取决于使用、维护和储存条件。每次使用后在清洗保养时，应注意检查面罩本体及部件是否变形，如果呼气阀、吸气阀、过滤元件接口垫片等变形或丢失，应用备件更换；若头带失去弹性或无法调节，也应更换；如果面罩的密封圈部分变形、破损，需进行整体更换。

b　清洗

禁止清洗呼吸器过滤元件，包括随弃式防尘口罩、可更换式防颗粒物和防毒的过滤元件。可更换式面罩应在每次使用后按照使用说明书的要求清洗，不要用有机溶剂（如丙酮、油漆稀料等）清洗沾有油漆的面罩和镜片，那样会使面罩老化。

c　储存

使用后，应在无污染、干燥、常温、无阳光直射的环境存放呼吸器；不经常使用时，应在密封袋内储存。防毒过滤元件不应敞口储存。储存时应避免橡胶面罩受压变形，最好在原包装内保存。

5.4.1.4　作业现场呼吸防护常见错误

A　使用纱布口罩

除尘作业呼吸防护最常见的错误就是用纱布口罩防尘，纱布口罩不具有有效的防尘功效，不能作为防尘口罩使用。

B　使用自行装填的活性炭滤毒盒

使用可以自行装填活性炭的滤毒盒也是常见的错误方式。购买活性炭来更换失效的滤毒盒中的活性炭的做法是不安全的。滤毒盒如果装填密度不够，有毒有害气体很可能直接穿透，防护容量不够，防护效果没有保证，这样做和自行加工生产滤毒盒是没有区别的。

C　使用活性炭口罩防毒

在接触有机蒸气作业中使用活性炭纸口罩，首先须判断有机蒸气或其他有味道的气体是否超标，应根据使用的溶剂或化学物的成分识别污染物，通过采样确定浓度。如果浓度超过职业卫生标准，就必须使用防毒面具。在判断未超标的基础上，可选择具有"减除异味"功能的口罩。减除异味的口罩必须有密合的结构，否则气味会直接进入口罩。

D　喷漆作业只使用滤毒盒

喷漆作业中产生的漆雾属于颗粒物，漆雾有挥发性，产生有机蒸气，这种情况必须采取综合过滤的方法，单独使用防毒过滤元件用于喷漆作业是错误的，因为颗粒物很容易穿透滤毒盒，使用者会提早闻到溶剂的味道，误以为滤毒盒失效，使用时间会大打折扣，造成浪费。

E　在面具下垫纱布

有的员工喜欢垫纱布是为了吸汗，也有感觉面罩泄漏，希望垫纱布提高密合性。在密合型面罩下面垫任何物品包括纱布、衣服、毛发等，都会使面罩泄漏，用适合性检验可以帮助使用者选择适合自己脸型的面罩。

5.4.2 自动苏生器

5.4.2.1 自动苏生器的用途

自动苏生器是一种自动进行正负压人工呼吸的急救装置，它能把含有 O_2 的新鲜空气自动地输入伤员的肺内，然后又能自动将肺内的气体抽除，并连续工作。自动苏生器还附有单纯给氧和吸引装置，可供呼吸机能麻痹的伤员吸氧和吸除伤员呼吸道内的分泌物（或异物）之用。

自动苏生器适于抢救呼吸麻痹或呼吸抑制的伤员，如胸部外伤、CO（或其他有毒气体）中毒、溺水、触电等原因所造成的呼吸抑制或窒息。

5.4.2.2 自动苏生器的特点

自动苏生器体积小、质量小、操作简单、性能可靠，可以手提也可以肩跨，携带方便。

自动苏生器特别适于煤矿救护组织在井下使用，也适用于医疗单位外出急救和护送伤员途中使用，凡设有救护组织的工矿企业事业等单位，均宜备此仪器。

5.4.2.3 自动苏生器的使用

本仪器的作用在于施行有效的人工呼吸，能够解决复苏技术中最基本（也是最重要）的问题。

（1）安置伤员。将伤员置于新鲜空气处，解开紧身上衣（如系湿衣，须脱掉），适当覆盖，保持体温，肩部垫高 10~15cm，头尽量后仰，面部转向一侧，以利呼吸道畅通；对溺水者应先使伤员俯卧，轻压背部，让水从气管和胃中倾出。

（2）清理口腔。将开口器由伤员嘴角处插入前臼齿间将口启开，用拉舌器拉出舌头，用药布裹住食指，清除口腔中的分泌物和异物。

（3）清理喉腔。从鼻腔插入吸引管，打开气路，将吸引管往复移动，污物、黏液、水等异物则被吸至吸痰瓶；若瓶内积污过多，可拨开连接管，半堵引射器喷孔（全堵则吸痰瓶易爆），积污即可排除。

注意：打开氧气瓶开关前，需将减压器旋钮按逆时针调到最小流量位置，然后再调整所需呼吸频率。

（4）插口咽导气管（压舌器）。根据成人、小孩选择插入大小适宜的口咽导气管（压舌器），以防舌后坠使呼吸道梗阻，插好后将舌送回，以防伤员痉挛，咬伤舌头。注：以上过程均属预备处置，应分秒必争，尽早开始人工呼吸；对上述程序是否全部履行，得视伤员情况而定。总之，以呼吸道畅通为原则。

（5）人工呼吸。将自动肺与导气管、面罩连接，打开气路，便听到"飒飒"的气流声音，将面罩紧压在伤员面部，自动肺便自动地交替进行充气与抽气，自动肺上的标杆即有节律地上下跳动。与此同时，用手指轻压伤员喉头中部的环状软骨；借以闭塞食道，防止气体充入胃内，导致人工呼吸失败。

如果人工呼吸进行正常，则伤员胸部有明显起伏动作，此时可停止压喉，并用头带将面罩固定。

注意事项：

1）自动肺如果不自动工作，则是由于面罩不严密、漏气所致；自动肺如果动作过快，并发出疾速的"喋喋"声，则是呼吸道不畅通之故，此时，如已插入口咽导气管，可试将伤员下颌骨托起（即下牙床移至上牙床前面），以利呼吸道畅通。如仍无效，则应马上重新清理呼吸道，切勿贻误时间。

2）腐蚀性气体中毒的伤员，不能进行人工呼吸，只能吸入氧气。

3）对触电伤员能否及时进行人工呼吸，往往是成败的关键之一，故有效的方法是马上做口对口人工呼吸，直到仪器到来代替为止。

（6）调整呼吸频率。调整减压器和配气阀旋钮，使呼吸频率达到：成人 12～16 次/分钟，小孩 30 次/分钟左右。

注意事项：

1）人工呼吸已正常进行，则应耐心等待，除确显死亡征象（出现尸斑）外，不可过早中断，有实践证明，曾有苏生达数小时之久而成功者。

2）当苏生奏效以后，伤员出现自主呼吸，此时自动肺会出现瞬时紊乱动作，可将呼吸频率稍调慢，随着上述现象重复出现，呼吸频率又渐次减慢，直至 8 次/分钟以下。自动肺仍频繁出现无节律动作，则说明伤员自主呼吸已基本恢复，便可改用氧吸入。

（7）氧吸入。将呼吸阀与导气管、储气囊连接，打开气路后接在面罩上；调整气量，使储气囊不经常膨胀，亦不经常空瘪。氧含量调节环一般应调在 80%，CO 中毒的伤员则应调在 100%，吸氧不可过早终止，以免伤员站起来后导致昏厥。

注意：氧吸入时，应取出口咽导气管，面罩松缚。

（8）氧气的准备。当人工呼吸正常进行以后，必须及早将备用氧气瓶（呼吸器用氧气瓶或工业用大氧气瓶，工业用大氧气瓶可以用外源接头与高压导管连接）接在仪器上；打开开关，氧气即直接送入。与氧气接触的器件，必须严格禁油。

仪器自带氧气瓶的充气方法，除了用专用充氧泵进行充氧外，还可以用以下两种方法：

（1）打开仪器自带氧气瓶开关，关闭配气阀各旋钮，外接工业用大氧气瓶，打开大氧气瓶开关，氧气可直接输入仪器自带氧气瓶内，当两个氧气瓶压力平衡时，压力表不再上升，便是充气完毕。

（2）仪器自带氧气瓶与工业用大氧气瓶可以直接连接，当两个氧气瓶压力平衡不再有气流的"咝咝"声时，便是充气完毕。

注意：

1）工业用氧气瓶常有"手轮"丢失的情况，仪器中的小活扳手可作应急之用，故平时不应离开仪器；

2）采用此方法充气完毕，要卸掉高压导管时，须先关闭氧气瓶开关，打开配气阀旋钮，释放压力，然后卸掉。

5.4.2.4　仪器的检验与维护

（1）仪器的工作原理：当氧气瓶的高压氧气经减压器减压后到气体分配器，根据伤员的不同需要，可使用接在气体分配器上的自动肺自主呼吸阀或引射器。用自动肺可向患者的肺部充气或抽气。如果患者能自主呼吸时，可用自主呼吸阀；当患者的呼吸道内有分泌物时，可用引射器将分泌物吸出。

（2）要求仪器的使用要有一定的熟练程度，平时要有实战训练，以免在人工苏生时不知所措贻误时机。

（3）仪器平时要有专人负责维护，以确保随时处于良好的工作状态。

（4）平时主要检验内容如下：

1）工具、附件、备用零件齐全完好；

2）氧气压力不低于 180atm（1atm＝101.325kPa）；

3）各接头气密良好，各旋钮调整灵活；

4）吸引装置工作正常；

5）自动肺工作正常；

6）自主呼吸阀工作正常；

7）仪器扣锁、背带完好可靠。

（5）自动肺的检验。自动肺是此仪器的心脏，其主要工作参数有以下三项。

1）换气量的检验。调整减压器供气量，使校验囊动作 12~16 次/分钟。

2）正负压校验（即充气正压值与抽气负压值的检验）。此项校验须使用苏生器检验仪。

3）正负压的调整。一般无故障情况下，自动肺不宜拆卸，正负压亦无须调整，只是在检修后进行调整和校验。正负压的调整主要是通过"调整弹簧"和"调整垫圈"来实现的。调松或压紧"调整弹簧"，将使正负压值同时相应减小或增大；增厚"调整垫圈"则正压变大，同时负压变小；减薄"调整垫圈"则效果相反。

注：

①自动肺内部用红漆加封处，非必要时不宜拆卸。

②仪器内部的排气安全阀如果失灵，用户不能自行调整。

③仪器密封环的材质为非燃性橡胶，用户不得自行选用其他材质代替。

④仪器自带氧气瓶，每三年需进行一次水压试验。

5.4.3 自救与互救

在发生安全事故时，会自救的人往往能化险为夷，而不会自救的人往往要付出生命的代价。因此，掌握安全事故中的自救互救方法是非常必要的。

5.4.3.1 泄漏事故的自救与互救

如果发生危险化学品泄漏事故，可能对事故区域内人群安全构成威胁时，首先要看清风向标，向上风侧疏散，切忌慌乱。当发生有毒气体泄漏时，应避开泄漏源向上风侧疏散、撤离；若有毒气体密度大于空气时，不要滞留在低洼处或避开低洼处；若有毒气体密度小于空气时，应尽量采取低姿势爬行，头部越贴近地面越佳，但仍应注意爬行的速度。

5.4.3.2 火灾爆炸事故的自救与互救

（1）当发生火灾、爆炸事故时，应顺着安全出口方向逃生；将毛巾或手帕沾湿，掩住口鼻，可减轻浓烟的侵袭。

（2）浓烟中采取低姿势爬行。火场中产生的浓烟将弥漫整个空间，大量的浓烟漂浮在上层，因此在火场中离地面 30cm 以下的地方应还有空气存在，越靠近地面空气越新鲜。因此，在烟中避难时尽量采取浓烟中带透明塑料胶袋逃生。透明塑料胶袋大小均可利用，使用大型的塑料胶袋可将整个头罩住，并提供足量的空气供给逃生之用。若无大型塑料胶袋，小的塑料胶袋亦可，虽不能完全罩住头部，但亦可掩护口鼻部分，供给逃生所需空气。使用塑料胶袋时，一定要充分将其张开，两手抓住袋口两边，将塑料袋上下或左右抖动，让里面能充满新鲜的空气，然后迅速将其罩在头部到颈项的地方。同时要注意，在抖动塑料胶袋装空气时，不得用口将气吹进袋内，因为吹进去的气体是 CO_2，效果会适得其反。

（3）沿墙面逃生。在火场中，人常常会表现得惊慌失措，尤其在烟中逃生，伸手不见五指，逃生时往往会迷失方向或错失了逃生门，因此在逃生时，如果能沿着墙面，则不会发生走过头的现象。

5.4.3.3　中毒急救

（1）对有害气体吸入性中毒者，应立即离开现场，吸入新鲜空气，解开衣物，静卧，同时注意保暖。

（2）对皮肤黏膜沾染接触性中毒者，要马上离开毒源，脱去污染衣物，用清水冲洗体表、毛发、指甲缝等。如果是腐蚀性毒物，应冲洗半小时左右。

（3）对食物中毒者，可采用催吐、洗胃、导泻等方法排除毒物。

1）催吐。用筷子、勺把或手指刺激咽喉部引起呕吐。但对腐蚀性毒物中毒时则不宜催吐，因为容易引起消化道出血或穿孔。处于昏迷休克或患有心脏病、肝硬化等也不宜催吐。

2）洗胃。神志清醒者，用大量清水分次喝下后，用催吐法吐出，初次进水量不超过 500mL，反复进行，直至洗出液体无色无味为止。对腐蚀性毒物中毒时不要洗胃，昏迷病人洗胃时要慎重。

3）导泻。导泻是肠内毒物排出的方法之一，用硫酸钠导泻或灌肠，此方法一般要在医院进行。

4）保护胃黏膜。误服腐蚀性毒物（如强酸、强碱后），应及时服稠米汤、鸡蛋清、豆浆、牛奶、面糊（拌汤）或蓖麻油等保护剂，保护胃黏膜。

5.4.4　心肺复苏术

心肺复苏术一般可按下列步骤进行开放气道、口对口人工呼吸、人工循环。

（1）开放气道（见图5-6）。摇拍患者并大声询问，手指甲掐压人中穴约 5s，若无反应，表示意识丧失。这时应使患者水平仰卧，解开颈部纽扣，注意清除口腔异物，使患者仰头抬颏，用耳贴近口鼻，若未感到有气流或胸部无起伏，则表示已无呼吸。

（2）口对口人工呼吸（见图5-7）。在保持患者仰头抬颏前提下，抢救者将患者鼻孔闭紧，用双唇密封包住患者的嘴，做两次全力吹气，同时用余光观察患者胸部，操作正确应能看到胸部有起伏并感到有气流逸出。每次吹气间隔 1.5s，在这个时间抢救者应自己深呼吸 1 次，以便继续口对口人工呼吸，直至专业抢救人员到来。

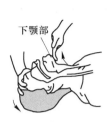

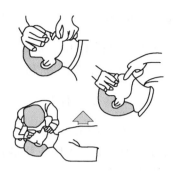

图 5-6 开放气道　　　　图 5-7 口对口人工呼吸

（3）人工循环。检查心脏是否跳动，最简易、最可靠的是检查颈动脉。抢救者用2~3个手指放在患者气管与颈部肌肉间轻轻按压，时间5~10s。

（4）若患者停止心跳，抢救者应握紧拳头，拳眼向上，快速有力猛击患者胸骨正中下段1次。此举有可能使患者心脏复跳，如1次不成功可按上述要求再次叩击1次。

（5）若心脏不能复跳，就要通过胸外按压，使心脏和大血管血液产生流动，以维持心、脑等主要器官最低血液需要量。

5.4.5 胸外按压

（1）患者头、胸处于同水平，最好躺在坚硬的平面上。

（2）按压位置：胸骨中下 1/3 交界处。

（3）下压深度5~6cm，按压时手指不得压在胸壁上，以免引起肋骨骨折。上抬时手掌不离胸，以免移位，按压时手臂垂直，以免压力分散，如图5-8所示。

（4）按压与放松时间相等，用力均匀，每分钟按压 80~100 次，直至恢复心跳呼吸。

（5）人工呼吸与胸外按压应同时交替进行。按压与呼吸比例为：单人 15：2；双人 5：1，如图5-9所示。

（6）人工循环时间因病人年龄、身体状况而定，但对触电、溺水、煤气中毒病人，按压时间要稍长些。

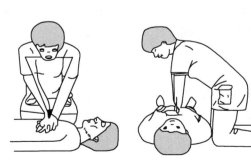
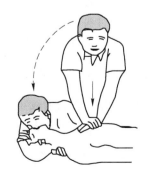

图 5-8 胸外按压　　　　图 5-9 人工呼吸与胸外按压交替进行

5.4.6 急性中毒的现场抢救

急性中毒患者常丧失表述能力，病情发展快，生命垂危，令人措手不及。面对中毒者，应保持冷静，并尽快做出准确诊断和选择正确的抢救方法。

5.4.6.1 停止毒物继续侵入人体

（1）立即将中毒者移离污染环境。

（2）立即脱去被毒物污染的衣服或移走有毒物品。

（3）立即用大量清水冲洗被污染的皮肤，冲洗应彻底，水温微热最好，但不要用热水。

（4）若已确知是某种毒物时，可针对性地使用中毒解毒剂进行清洗。若为酸性毒物，可用碱性液或中性液清洗，但其后仍须用大量清水彻底冲洗干净。

5.4.6.2 催吐

A 催吐的条件

（1）毒物经口摄入。

（2）摄入时间较短，一般不超过 4~6h。

（3）中毒者神志清醒。

B 催吐方法

（1）用硬羽毛、筷子、手指等搅触咽弓和咽后壁使其呕吐。

（2）若食物过稠，不易吐出或吐净，可先喝约 0.5~1.0kg 清水或盐水等，再促其呕吐。

（3）反复饮水和催吐，直至吐出流体变清为止。

（4）也可将食盐 8g 配 200mL 温水口服，或以 1∶2000 高锰酸钾 100~300mL 水溶液口服，均可刺激胃黏膜，引起呕吐。

C 注意事项

（1）一次喝入液体不宜太多，以免将毒物驱入肠道。

（2）若中毒者饮水后不呕吐，要加强咽部刺激促其呕吐。

（3）呕吐时头部位低，危重病人可将头转向一侧，以免呕吐物吸入气管引起窒息。

（4）若口服硫酸、盐酸、强碱等腐蚀性毒物，则严禁采用催吐方法。

5.4.6.3 送医院抢救

急性中毒者一般病情较重，应迅速开展现场抢救工作，并立即联系送医院做进一步急救治疗，尤其对重度中毒者应边抢救边送医院。

5.4.6.4 其他方式急救

（1）口服毒物者，若催吐失败或不能催吐者，可进行洗胃。

（2）对有呼吸困难者现场吸氧。

（3）静脉输液、补充液体，改善血液循环。

（4）根据病情给予药物治疗，如疼痛者服用止痛片、烦躁者注射镇静剂等。

（5）使用特效解毒剂，如有机磷中毒时使用阿托品、解磷定等。

5.4.7　外伤自救与互救

5.4.7.1　止血和包扎

成人的血量为5000~6000mL。如果失去血量的1/4~1/3，就有生命危险。因此，当外伤大出血时，必须迅速采取止血措施。止血越及时，死亡的可能性越小。

A　伤口的初步处理

伤口的初步处理非常重要，一方面可以了解伤情，另一方面也是为了止血，并防止伤口感染。伤口初步处理如下：

（1）暴露伤口，主要看出血部位和创伤位置；

（2）制止流血，发现伤口，尤其是大出血，要立即止血；

（3）检查伤口，在伤口暴露并止血后，再看有无断骨露出，伤口有无污泥或弹片等异物；

（4）伤口消毒处理，普通伤口，可用无菌棉球蘸2%~2.5%碘酒消毒后，再用70%酒精将碘酒擦掉，最后用无菌纱布包扎。

B　止血方法

动脉出血时，在出血的动脉血管靠心脏方向压住动脉血管；静脉出血，在出血的静脉血管离心脏方向加压；毛细血管出血，在出血处加压包扎。

（1）加压包扎止血法。用消毒纱布敷料，或用干净毛巾、手帕、布片等棉织品折成比伤口稍大些的垫，覆盖住伤口，再用三角巾或绷带用力包扎，松紧度以能达到止血为目的。包扎止血的同时，抬高伤肢，以避免静脉回流受阻而增加出血量。此法适用于四肢、头颈、躯干等体表出血。

（2）指压止血法。较大的动脉止血，用手指或手掌压住动脉靠心脏方向的一侧经过骨骼表面的部分，阻止血液流动，可以达到临时止血目的。此方法简便有效，但不能持久。其他可以按照出血部位分别采用指压面动脉、颈总动脉、锁骨下动脉、颞动脉、股动脉、胫前后动脉止血法。

（3）加垫止血法。肢体出血时，先抬高肢体，使静脉血充分回流，也可用纱布、棉花或其他布类做成垫子放在关节屈面，然后使关节强屈，压住关节屈侧动脉，再缠绕固定。头皮出血，用棉花、绷带或三角巾做成环形垫，套在伤口上面，然后用绷带或三角巾包扎，再用一条三角巾折成条状，由头顶拉向下颌包扎。此法一般只适用于四肢大动脉出血，或采用加压包扎不能有效控制的大出血。

（4）止血带止血法。使用止血带止血时，在止血带与皮肤间垫上消毒纱布棉垫，以免扎紧止血带时损伤局部皮肤。止血带必须扎紧，要加压扎紧到切实将该处动脉压闭。同时记录上止血带的具体时间，争取在上止血带后2h内尽快将伤员转送到医院救治。若途中时间过长，则应约1h左右暂时松开止血带数分钟，同时观察伤口出血情况。若伤口出血已停止，可暂时不再扎止血带；若伤口仍继续出血，则再重新扎紧止血带加压止血，但要注意过长时间使用止血带，肢体会因严重缺血而坏死。四肢较大的动脉出血，一般采用勒紧、绞紧、止血带止血法等，其中止血带止血一般只适用于四肢喷射状、有搏动、出血快而多的动脉出血。

C 包扎

包扎的目的是保护伤口免受再污染，止血止痛，并为伤口愈合创造条件。一般在创伤处用消毒的敷料或清洁的专用纱布覆盖，再用绷带或布条包扎。其要领是动作轻巧、伤口全包、打结避伤口、包扎要牢靠。包扎材料有三角巾、绷带和敷料等，这些材料经过消毒灭菌后要密封。若现场缺乏绷带，可用衣服、被单、手帕等临时代用，但盖在伤口上的材料，要尽可能干净。三角巾由正方形布对角剪开即成，大小根据需要而定。

5.4.7.2 骨折的临时固定

A 骨折急救要点

（1）止血。如果伤口出血，应先止血，然后包扎，再固定。

（2）加垫。在突出部位先用棉花或布片等软物品垫好，以免夹板把突出部位皮肤磨伤。

（3）不乱动骨折部位，以免刺伤血管和神经。

（4）固定骨折两端。夹板需扶托整个伤肢，把骨折断端的上下两个关节固定好，才能把骨折部位固定好。

（5）固定绷带松紧要适度，不可过松、过紧，要露出手指或脚趾，以便观察血流的情况，如发现手指（或脚趾）苍白或呈青紫色，说明包扎过紧，应当放松重新固定，防止坏死。

B 临时固定方法

（1）前臂骨折，采用夹板固定法。用两块长短合适的夹板（木棒或竹片）分别放在前臂掌侧和背侧，用绷带、毛巾、或手帕绑扎固定，再用三角巾或裤带将前臂悬吊胸前。

（2）上臂骨折，采用无夹板固定法。用一条宽带将上臂固定于胸前，再用三角巾将前臂吊起来。

（3）小腿骨折，采用夹板固定法。将夹板（长度等于自大腿中部到脚跟）放在小腿外侧，垫好布垫后用布带分段固定，脚部用"8"字形绷带固定。

（4）大腿骨折，采用夹板固定法。用一块长度相当于从脚跟至腋下的夹板放在伤肢外侧，在伤脚和骨突起处夹垫好后用5~7条布带分段固定，固定好后，健肢移向伤肢并列。肢部也用"8"字形绷带固定。

（5）脊椎骨受伤，宜用平板固定，防止损伤神经造成残废。

5.4.8 搬运伤员步骤

搬运方法有徒手搬运和器械搬运两种。

5.4.8.1 徒手搬运

（1）单人搬运：由一人进行搬运，常见的有扶持法、抱持法和背法。

（2）双人搬运法：常见的有椅托式、轿杠式、拉车式、椅式搬运法和平卧托运法。

5.4.8.2 器械搬运法

将伤员放置在担架上搬运，同时要注意保暖。在没有担架的情况下，也可以采用椅子、门板、毯子、衣服、大衣、绳子、竹竿、梯子等制作简易担架搬运。如果从现场到转运终点路途较远，则应组织、调动、寻找合适的现代化交通工具运送伤病员。

5.4.8.3 危重伤病员的搬运方法

（1）脊柱损伤：用硬担架，3~4人同时搬运，固定颈部不能前屈、后伸、扭曲。
（2）颅脑损伤：采用半卧位或侧卧位搬运。
（3）胸部伤：采用半卧位或坐位搬运。
（4）腹部伤：采用仰卧位、屈曲下肢搬运，宜用担架或木板。
（5）呼吸困难病人：采用坐位搬运。最好用折叠担架（或椅）搬运。
（6）昏迷病人：平卧位搬运，头转向一侧或侧卧位。
（7）休克病人：平卧位搬运，不用枕头，脚抬高。

5.5　现场应急处置与演练

5.5.1　应急处置

应急处置是指对突发险情、事故、事件等采取紧急措施或行动，进行应对处置。煤气作业现场应急处置主要包括以下三个方面。

5.5.1.1　煤气泄漏应急处置

（1）作业人员发现煤气泄漏应立即朝泄漏区域上风侧撤离。
（2）立即按应急报告流程向上级领导或相关负责人报告煤气泄漏地点、泄漏的设备设施及现场情况。
（3）按应急预案疏散相关区域人员，设立警戒隔离带，布置岗哨，阻止非抢救人员进入。进入煤气危险区的抢救人员应佩戴空气呼吸器。
（4）未查明事故原因和采取必要安全措施前，不应向煤气设施恢复送气。

5.5.1.2　煤气中毒应急处置

（1）煤气泄漏导致人员中毒时，施救人员在佩戴空气呼吸器并确保自身安全的前提下，将中毒者迅速救出至煤气危险区域上风侧空气新鲜处，解除一切阻碍呼吸的衣物并注意保暖，严禁盲目施救。
（2）中毒轻微者，如出现头痛、恶心、呕吐等症状，可直接送往附近急救医疗机构。
（3）中毒较重者，如出现失去知觉、口吐白沫等症状，应立即通知煤气防护员或拨打急救电话，并实施现场急救。若中毒者已停止呼吸，应立即对中毒者进行心肺复苏。
（4）在中毒者未恢复知觉、专业救援人员未赶到现场前，施救人员不应停止施救。

5.5.1.3　窒息应急处置

（1）施救人员在佩戴空气呼吸器并确保自身安全的前提下，将窒息者迅速救出至有限空间外，解除一切阻碍呼吸的衣物并注意保暖。严禁盲目施救。

（2）拨打急救电话通知专业救援人员赶到现场，并实施现场急救。如窒息者已停止呼吸，立即对窒息者进行心肺复苏。

（3）在窒息者未恢复知觉、专业救援人员未赶到现场前，施救人员不应停止施救。

5.5.2　应急演练

应急演练是针对可能发生的事故情景，依据应急预案而模拟开展的应急活动。

5.5.2.1　应急演练分类

（1）应急演练按照演练内容分为综合演练和单项演练。

（2）按照演练形式分为实战演练和桌面演练。

（3）按照目的与作用分为检验性演练、示范性演练和研究性演练。

不同类型的演练可以相互组合。

5.5.2.2　应急演练目的

（1）检验预案。发现应急预案中存在的问题，提高应急预案的针对性、实用性和可操作性。

（2）完善准备。完善应急管理标准制度，改进应急处置技术，补充应急装备和物资，提高应急能力。

（3）磨合机制。完善应急管理部门、相关单位和人员的工作职责，提高协调配合能力。

（4）宣传教育。普及应急管理知识，提高参演和观摩人员风险防范意识和自救互救能力。

（5）锻炼队伍。熟悉应急预案，提高应急人员在紧急情况下妥善处置事故的能力。

5.5.2.3　应急演练工作原则

应急演练应遵循以下原则。

（1）符合相关规定。按照国家相关法律法规、标准及有关规定组织开展演练。

（2）依据预案演练。结合生产面临的风险及事故特点，依据应急预案组织开展演练。

（3）注重能力提高。突出以提高指挥协调能力、应急处置能力和应急准备能力组织开展演练。

（4）确保安全有序。在保证参演人员、设备设施及演练场所安全的条件下组织开展演练。

5.5.2.4　应急演练基本流程

应急演练实施基本流程包括计划、准备、实施、评估总结、持续改进五个阶段。

附　　录

附录 A　安全生产法律法规

（一）中华人民共和国安全生产法

（2002 年 6 月 29 日第九届全国人民代表大会常务委员会第二十八次会议通过，根据 2009 年 8 月 27 日第十一届全国人民代表大会常务委员会第十次会议《关于修改部分法律的决定》第一次修正，根据 2014 年 8 月 31 日第十二届全国人民代表大会常务委员会第十次会议《关于修改〈中华人民共和国安全生产法〉的决定》第二次修正，根据 2021 年 6 月 10 日第十三届全国人民代表大会常务委员会第二十九次会议《关于修改〈中华人民共和国安全生产法〉的决定》第三次修正）

第一章　总　　则

第一条　为了加强安全生产工作，防止和减少生产安全事故，保障人民群众生命和财产安全，促进经济社会持续健康发展，制定本法。

第二条　在中华人民共和国领域内从事生产经营活动的单位（以下统称生产经营单位）的安全生产，适用本法；有关法律、行政法规对消防安全和道路交通安全、铁路交通安全、水上交通安全、民用航空安全以及核与辐射安全、特种设备安全另有规定的，适用其规定。

第三条　安全生产工作坚持中国共产党的领导。

安全生产工作应当以人为本，坚持人民至上、生命至上，把保护人民生命安全摆在首位，树牢安全发展理念，坚持安全第一、预防为主、综合治理的方针，从源头上防范化解重大安全风险。

安全生产工作实行管行业必须管安全、管业务必须管安全、管生产经营必须管安全，强化和落实生产经营单位主体责任与政府监管责任，建立生产经营单位负责、职工参与、政府监管、行业自律和社会监督的机制。

第四条　生产经营单位必须遵守本法和其他有关安全生产的法律、法规，加强安全生产管理，建立健全全员安全生产责任制和安全生产规章制度，加大对安全生产资金、物资、技术、人员的投入保障力度，改善安全生产条件，加强安全生产标准化、信息化建设，构建安全风险分级管控和隐患排查治理双重预防机制，健全风险防范化解机制，提高安全生产水平，确保安全生产。

平台经济等新兴行业、领域的生产经营单位应当根据本行业、领域的特点，建立健全并落实全员安全生产责任制，加强从业人员安全生产教育和培训，履行本法和其他法律、法规规定的有关安全生产义务。

第五条　生产经营单位的主要负责人是本单位安全生产第一责任人，对本单位的安全生产工作全面负责。其他负责人对职责范围内的安全生产工作负责。

第六条　生产经营单位的从业人员有依法获得安全生产保障的权利，并应当依法履行安全生产方面的义务。

第七条　工会依法对安全生产工作进行监督。

生产经营单位的工会依法组织职工参加本单位安全生产工作的民主管理和民主监督，维护职工在安全生产方面的合法权益。生产经营单位制定或者修改有关安全生产的规章制度，应当听取工会的意见。

第八条　国务院和县级以上地方各级人民政府应当根据国民经济和社会发展规划制定安全生产规划，并组织实施。安全生产规划应当与国土空间规划等相关规划相衔接。

各级人民政府应当加强安全生产基础设施建设和安全生产监管能力建设，所需经费列入本级预算。

县级以上地方各级人民政府应当组织有关部门建立完善安全风险评估与论证机制，按照安全风险管控要求，进行产业规划和空间布局，并对位置相邻、行业相近、业态相似的生产经营单位实施重大安全风险联防联控。

第九条　国务院和县级以上地方各级人民政府应当加强对安全生产工作的领导，建立健全安全生产工作协调机制，支持、督促各有关部门依法履行安全生产监督管理职责，及时协调、解决安全生产监督管理中存在的重大问题。

乡镇人民政府和街道办事处，以及开发区、工业园区、港区、风景区等应当明确负责安全生产监督管理的有关工作机构及其职责，加强安全生产监管力量建设，按照职责对本行政区域或者管理区域内生产经营单位安全生产状况进行监督检查，协助人民政府有关部门或者按照授权依法履行安全生产监督管理职责。

第十条　国务院应急管理部门依照本法，对全国安全生产工作实施综合监督管理；县级以上地方各级人民政府应急管理部门依照本法，对本行政区域内安全生产工作实施综合监督管理。

国务院交通运输、住房和城乡建设、水利、民航等有关部门依照本法和其他有关法律、行政法规的规定，在各自的职责范围内对有关行业、领域的安全生产工作实施监督管理；县级以上地方各级人民政府有关部门依照本法和其他有关法律、法规的规定，在各自的职责范围内对有关行业、领域的安全生产工作实施监督管理。对新兴行业、领域的安全生产监督管理职责不明确的，由县级以上地方各级人民政府按照业务相近的原则确定监督管理部门。

应急管理部门和对有关行业、领域的安全生产工作实施监督管理的部门，统称负有安全生产监督管理职责的部门。负有安全生产监督管理职责的部门应当相互配合、齐抓共管、信息共享、资源共用，依法加强安全生产监督管理工作。

第十一条　国务院有关部门应当按照保障安全生产的要求，依法及时制定有关的国家标准或者行业标准，并根据科技进步和经济发展适时修订。

生产经营单位必须执行依法制定的保障安全生产的国家标准或者行业标准。

第十二条　国务院有关部门按照职责分工负责安全生产强制性国家标准的项目提出、组织起草、征求意见、技术审查。国务院应急管理部门统筹提出安全生产强制性国家标准的立项计划。国务院标准化行政主管部门负责安全生产强制性国家标准的立项、编号、对外通报和授权批准发布工作。国务院标准化行政主管部门、有关部门依据法定职责对安全生产强制性国家标准的实施进行监督检查。

第十三条　各级人民政府及其有关部门应当采取多种形式，加强对有关安全生产的法律、法规和安全生产知识的宣传，增强全社会的安全生产意识。

第十四条　有关协会组织依照法律、行政法规和章程，为生产经营单位提供安全生产方面的信息、培训等服务，发挥自律作用，促进生产经营单位加强安全生产管理。

第十五条　依法设立的为安全生产提供技术、管理服务的机构，依照法律、行政法规和执业准则，接受生产经营单位的委托为其安全生产工作提供技术、管理服务。

生产经营单位委托前款规定的机构提供安全生产技术、管理服务的，保证安全生产的责任仍由本单位负责。

第十六条　国家实行生产安全事故责任追究制度，依照本法和有关法律、法规的规定，追究生产安全事故责任单位和责任人员的法律责任。

第十七条　县级以上各级人民政府应当组织负有安全生产监督管理职责的部门依法编制安全生产权力和责任清单，公开并接受社会监督。

第十八条　国家鼓励和支持安全生产科学技术研究和安全生产先进技术的推广应用，提高安全生产水平。

第十九条　国家对在改善安全生产条件、防止生产安全事故、参加抢险救护等方面取得显著成绩的单位和个人，给予奖励。

第二章　生产经营单位的安全生产保障

第二十条　生产经营单位应当具备本法和有关法律、行政法规和国家标准或者行业标准规定的安全生产条件；不具备安全生产条件的，不得从事生产经营活动。

第二十一条　生产经营单位的主要负责人对本单位安全生产工作负有下列职责：

1. 建立健全并落实本单位全员安全生产责任制，加强安全生产标准化建设；

2. 组织制定并实施本单位安全生产规章制度和操作规程；

3. 组织制定并实施本单位安全生产教育和培训计划；

4. 保证本单位安全生产投入的有效实施；

5. 组织建立并落实安全风险分级管控和隐患排查治理双重预防工作机制，督促、检查本单位的安全生产工作，及时消除生产安全事故隐患；

6. 组织制定并实施本单位的生产安全事故应急救援预案；

7. 及时、如实报告生产安全事故。

第二十二条　生产经营单位的全员安全生产责任制应当明确各岗位的责任人员、责任范围和考核标准等内容。

生产经营单位应当建立相应的机制，加强对全员安全生产责任制落实情况的监督考核，保证全员安全生产责任制的落实。

第二十三条　生产经营单位应当具备的安全生产条件所必需的资金投入，由生产经营单位的决策机构、主要负责人或者个人经营的投资人予以保证，并对由于安全生产所必需的资金投入不足导致的后果承担责任。

　　有关生产经营单位应当按照规定提取和使用安全生产费用，专门用于改善安全生产条件。安全生产费用在成本中据实列支。安全生产费用提取、使用和监督管理的具体办法由国务院财政部门会同国务院应急管理部门征求国务院有关部门意见后制定。

　　第二十四条　矿山、金属冶炼、建筑施工、运输单位和危险物品的生产、经营、储存、装卸单位，应当设置安全生产管理机构或者配备专职安全生产管理人员。

　　前款规定以外的其他生产经营单位，从业人员超过一百人的，应当设置安全生产管理机构或者配备专职安全生产管理人员；从业人员在一百人以下的，应当配备专职或者兼职的安全生产管理人员。

　　第二十五条　生产经营单位的安全生产管理机构以及安全生产管理人员履行下列职责：

　　1. 组织或者参与拟订本单位安全生产规章制度、操作规程和生产安全事故应急救援预案；

　　2. 组织或者参与本单位安全生产教育和培训，如实记录安全生产教育和培训情况；

　　3. 组织开展危险源辨识和评估，督促落实本单位重大危险源的安全管理措施；

　　4. 组织或者参与本单位应急救援演练；

　　5. 检查本单位的安全生产状况，及时排查生产安全事故隐患，提出改进安全生产管理的建议；

　　6. 制止和纠正违章指挥、强令冒险作业、违反操作规程的行为；

　　7. 督促落实本单位安全生产整改措施。

　　生产经营单位可以设置专职安全生产分管负责人，协助本单位主要负责人履行安全生产管理职责。

　　第二十六条　生产经营单位的安全生产管理机构以及安全生产管理人员应当恪尽职守，依法履行职责。

　　生产经营单位做出涉及安全生产的经营决策，应当听取安全生产管理机构以及安全生产管理人员的意见。

　　生产经营单位不得因安全生产管理人员依法履行职责而降低其工资、福利等待遇或者解除与其订立的劳动合同。

　　危险物品的生产、储存单位以及矿山、金属冶炼单位的安全生产管理人员的任免，应当告知主管的负有安全生产监督管理职责的部门。

　　第二十七条　生产经营单位的主要负责人和安全生产管理人员必须具备与本单位所从事的生产经营活动相应的安全生产知识和管理能力。

　　危险物品的生产、经营、储存、装卸单位以及矿山、金属冶炼、建筑施工、运输单位的主要负责人和安全生产管理人员，应当由主管的负有安全生产监督管理职责的部门对其安全生产知识和管理能力考核合格。考核不得收费。

　　危险物品的生产、储存、装卸单位以及矿山、金属冶炼单位应当有注册安全工程师从事安全生产管理工作。鼓励其他生产经营单位聘用注册安全工程师从事安全生产管理工作。注册安全工程师按专业分类管理，具体办法由国务院人力资源和社会保障部门、国务院应急管理部门会同国务院有关部门制定。

　　第二十八条　生产经营单位应当对从业人员进行安全生产教育和培训，保证从业人员具备必要的安全生产知识，熟悉有关的安全生产规章制度和安全操作规程，掌握本岗位的安全操作技能，了解事故应急处理措施，知悉自身在安全生产方面的权利和义务。未经安全生产教育和培训合格的从业人员，不得上岗作业。

生产经营单位使用被派遣劳动者的，应当将被派遣劳动者纳入本单位从业人员统一管理，对被派遣劳动者进行岗位安全操作规程和安全操作技能的教育和培训。劳务派遣单位应当对被派遣劳动者进行必要的安全生产教育和培训。

生产经营单位接收中等职业学校、高等学校学生实习的，应当对实习学生进行相应的安全生产教育和培训，提供必要的劳动防护用品。学校应当协助生产经营单位对实习学生进行安全生产教育和培训。

生产经营单位应当建立安全生产教育和培训档案，如实记录安全生产教育和培训的时间、内容、参加人员以及考核结果等情况。

第二十九条 生产经营单位采用新工艺、新技术、新材料或者使用新设备，必须了解、掌握其安全技术特性，采取有效的安全防护措施，并对从业人员进行专门的安全生产教育和培训。

第三十条 生产经营单位的特种作业人员必须按照国家有关规定经专门的安全作业培训，取得相应资格，方可上岗作业。

特种作业人员的范围由国务院应急管理部门会同国务院有关部门确定。

第三十一条 生产经营单位新建、改建、扩建工程项目（以下统称建设项目）的安全设施，必须与主体工程同时设计、同时施工、同时投入生产和使用。安全设施投资应当纳入建设项目概算。

第三十二条 矿山、金属冶炼建设项目和用于生产、储存、装卸危险物品的建设项目，应当按照国家有关规定进行安全评价。

第三十三条 建设项目安全设施的设计人、设计单位应当对安全设施设计负责。

矿山、金属冶炼建设项目和用于生产、储存、装卸危险物品的建设项目的安全设施设计应当按照国家有关规定报经有关部门审查，审查部门及其负责审查的人员对审查结果负责。

第三十四条 矿山、金属冶炼建设项目和用于生产、储存、装卸危险物品的建设项目的施工单位必须按照批准的安全设施设计施工，并对安全设施的工程质量负责。

矿山、金属冶炼建设项目和用于生产、储存、装卸危险物品的建设项目竣工投入生产或者使用前，应当由建设单位负责组织对安全设施进行验收；验收合格后，方可投入生产和使用。负有安全生产监督管理职责的部门应当加强对建设单位验收活动和验收结果的监督核查。

第三十五条 生产经营单位应当在有较大危险因素的生产经营场所和有关设施、设备上，设置明显的安全警示标志。

第三十六条 安全设备的设计、制造、安装、使用、检测、维修、改造和报废，应当符合国家标准或者行业标准。

生产经营单位必须对安全设备进行经常性维护、保养，并定期检测，保证正常运转。维护、保养、检测应当做好记录，并由有关人员签字。

生产经营单位不得关闭、破坏直接关系生产安全的监控、报警、防护、救生设备、设施，或者篡改、隐瞒、销毁其相关数据、信息。

餐饮等行业的生产经营单位使用燃气的，应当安装可燃气体报警装置，并保障其正常使用。

第三十七条　生产经营单位使用的危险物品的容器、运输工具，以及涉及人身安全、危险性较大的海洋石油开采特种设备和矿山井下特种设备，必须按照国家有关规定，由专业生产单位生产，并经具有专业资质的检测、检验机构检测、检验合格，取得安全使用证或者安全标志，方可投入使用。检测、检验机构对检测、检验结果负责。

第三十八条　国家对严重危及生产安全的工艺、设备实行淘汰制度，具体目录由国务院应急管理部门会同国务院有关部门制定并公布。法律、行政法规对目录的制定另有规定的，适用其规定。

省、自治区、直辖市人民政府可以根据本地区实际情况制定并公布具体目录，对前款规定以外的危及生产安全的工艺、设备予以淘汰。

生产经营单位不得使用应当淘汰的危及生产安全的工艺、设备。

第三十九条　生产、经营、运输、储存、使用危险物品或者处置废弃危险物品的，由有关主管部门依照有关法律、法规的规定和国家标准或者行业标准审批并实施监督管理。

生产经营单位生产、经营、运输、储存、使用危险物品或者处置废弃危险物品，必须执行有关法律、法规和国家标准或者行业标准，建立专门的安全管理制度，采取可靠的安全措施，接受有关主管部门依法实施的监督管理。

第四十条　生产经营单位对重大危险源应当登记建档，进行定期检测、评估、监控，并制定应急预案，告知从业人员和相关人员在紧急情况下应当采取的应急措施。

生产经营单位应当按照国家有关规定将本单位重大危险源及有关安全措施、应急措施报有关地方人民政府应急管理部门和有关部门备案。有关地方人民政府应急管理部门和有关部门应当通过相关信息系统实现信息共享。

第四十一条　生产经营单位应当建立安全风险分级管控制度，按照安全风险分级采取相应的管控措施。

生产经营单位应当建立健全并落实生产安全事故隐患排查治理制度，采取技术、管理措施，及时发现并消除事故隐患。事故隐患排查治理情况应当如实记录，并通过职工大会或者职工代表大会、信息公示栏等方式向从业人员通报。其中，重大事故隐患排查治理情况应当及时向负有安全生产监督管理职责的部门和职工大会或者职工代表大会报告。

县级以上地方各级人民政府负有安全生产监督管理职责的部门应当将重大事故隐患纳入相关信息系统，建立健全重大事故隐患治理督办制度，督促生产经营单位消除重大事故隐患。

第四十二条　生产、经营、储存、使用危险物品的车间、商店、仓库不得与员工宿舍在同一座建筑物内，并应当与员工宿舍保持安全距离。

生产经营场所和员工宿舍应当设有符合紧急疏散要求、标志明显、保持畅通的出口、疏散通道。禁止占用、锁闭、封堵生产经营场所或者员工宿舍的出口、疏散通道。

第四十三条　生产经营单位进行爆破、吊装、动火、临时用电以及国务院应急管理部门会同国务院有关部门规定的其他危险作业，应当安排专门人员进行现场安全管理，确保操作规程的遵守和安全措施的落实。

第四十四条　生产经营单位应当教育和督促从业人员严格执行本单位的安全生产规章制度和安全操作规程；并向从业人员如实告知作业场所和工作岗位存在的危险因素、防范措施以及事故应急措施。

生产经营单位应当关注从业人员的身体、心理状况和行为习惯，加强对从业人员的心理疏导、精神慰藉，严格落实岗位安全生产责任，防范从业人员行为异常导致事故发生。

第四十五条　生产经营单位必须为从业人员提供符合国家标准或者行业标准的劳动防护用品，并监督、教育从业人员按照使用规则佩戴、使用。

第四十六条　生产经营单位的安全生产管理人员应当根据本单位的生产经营特点，对安全生产状况进行经常性检查；对检查中发现的安全问题，应当立即处理；不能处理的，应当及时报告本单位有关负责人，有关负责人应当及时处理。检查及处理情况应当如实记录在案。

生产经营单位的安全生产管理人员在检查中发现重大事故隐患，依照前款规定向本单位有关负责人报告，有关负责人不及时处理的，安全生产管理人员可以向主管的负有安全生产监督管理职责的部门报告，接到报告的部门应当依法及时处理。

第四十七条　生产经营单位应当安排用于配备劳动防护用品、进行安全生产培训的经费。

第四十八条　两个以上生产经营单位在同一作业区域内进行生产经营活动，可能危及对方生产安全的，应当签订安全生产管理协议，明确各自的安全生产管理职责和应当采取的安全措施，并指定专职安全生产管理人员进行安全检查与协调。

第四十九条　生产经营单位不得将生产经营项目、场所、设备发包或者出租给不具备安全生产条件或者相应资质的单位或者个人。

生产经营项目、场所发包或者出租给其他单位的，生产经营单位应当与承包单位、承租单位签订专门的安全生产管理协议，或者在承包合同、租赁合同中约定各自的安全生产管理职责；生产经营单位对承包单位、承租单位的安全生产工作统一协调、管理，定期进行安全检查，发现安全问题的，应当及时督促整改。

矿山、金属冶炼建设项目和用于生产、储存、装卸危险物品的建设项目的施工单位应当加强对施工项目的安全管理，不得倒卖、出租、出借、挂靠或者以其他形式非法转让施工资质，不得将其承包的全部建设工程转包给第三人或者将其承包的全部建设工程肢解以后以分包的名义分别转包给第三人，不得将工程分包给不具备相应资质条件的单位。

第五十条　生产经营单位发生生产安全事故时，单位的主要负责人应当立即组织抢救，并不得在事故调查处理期间擅离职守。

第五十一条　生产经营单位必须依法参加工伤保险，为从业人员缴纳保险费。

国家鼓励生产经营单位投保安全生产责任保险；属于国家规定的高危行业、领域的生产经营单位，应当投保安全生产责任保险。具体范围和实施办法由国务院应急管理部门会同国务院财政部门、国务院保险监督管理机构和相关行业主管部门制定。

第三章　从业人员的安全生产权利义务

第五十二条　生产经营单位与从业人员订立的劳动合同，应当载明有关保障从业人员劳动安全、防止职业危害的事项，以及依法为从业人员办理工伤保险的事项。

生产经营单位不得以任何形式与从业人员订立协议，免除或者减轻其对从业人员因生产安全事故伤亡依法应承担的责任。

第五十三条　生产经营单位的从业人员有权了解其作业场所和工作岗位存在的危险因素、防范措施及事故应急措施，有权对本单位的安全生产工作提出建议。

第五十四条　从业人员有权对本单位安全生产工作中存在的问题提出批评、检举、控告；有权拒绝违章指挥和强令冒险作业。

生产经营单位不得因从业人员对本单位安全生产工作提出批评、检举、控告或者拒绝违章指挥、强令冒险作业而降低其工资、福利等待遇或者解除与其订立的劳动合同。

第五十五条　从业人员发现直接危及人身安全的紧急情况时，有权停止作业或者在采取可能的应急措施后撤离作业场所。

生产经营单位不得因从业人员在前款紧急情况下停止作业或者采取紧急撤离措施而降低其工资、福利等待遇或者解除与其订立的劳动合同。

第五十六条　生产经营单位发生生产安全事故后，应当及时采取措施救治有关人员。

因生产安全事故受到损害的从业人员，除依法享有工伤保险外，依照有关民事法律尚有获得赔偿的权利的，有权提出赔偿要求。

第五十七条　从业人员在作业过程中，应当严格落实岗位安全责任，遵守本单位的安全生产规章制度和操作规程，服从管理，正确佩戴和使用劳动防护用品。

第五十八条　从业人员应当接受安全生产教育和培训，掌握本职工作所需的安全生产知识，提高安全生产技能，增强事故预防和应急处理能力。

第五十九条　从业人员发现事故隐患或者其他不安全因素，应当立即向现场安全生产管理人员或者本单位负责人报告；接到报告的人员应当及时予以处理。

第六十条　工会有权对建设项目的安全设施与主体工程同时设计、同时施工、同时投入生产和使用进行监督，提出意见。

工会对生产经营单位违反安全生产法律、法规，侵犯从业人员合法权益的行为，有权要求纠正；发现生产经营单位违章指挥、强令冒险作业或者发现事故隐患时，有权提出解决的建议，生产经营单位应当及时研究答复；发现危及从业人员生命安全的情况时，有权向生产经营单位建议组织从业人员撤离危险场所，生产经营单位必须立即做出处理。

工会有权依法参加事故调查，向有关部门提出处理意见，并要求追究有关人员的责任。

第六十一条　生产经营单位使用被派遣劳动者的，被派遣劳动者享有本法规定的从业人员的权利，并应当履行本法规定的从业人员的义务。

第四章　安全生产的监督管理

第六十二条　县级以上地方各级人民政府应当根据本行政区域内的安全生产状况，组织有关部门按照职责分工，对本行政区域内容易发生重大生产安全事故的生产经营单位进行严格检查。

应急管理部门应当按照分类分级监督管理的要求，制定安全生产年度监督检查计划，并按照年度监督检查计划进行监督检查，发现事故隐患，应当及时处理。

第六十三条　负有安全生产监督管理职责的部门依照有关法律、法规的规定，对涉及安全生产的事项需要审查批准（包括批准、核准、许可、注册、认证、颁发证照等，下同）或者验收的，必须严格依照有关法律、法规和国家标准或者行业标准规定的安全生产条件和程序进行审查；不符合有关法律、法规和国家标准或者行业标准规定的安全生产条件的，不得批准或者验收通过。对未依法取得批准或者验收合格的单位擅自从事有关活动的，负责行政审批的部门发现或者接到举报后应当立即予以取缔，并依法予以处理。对已经依法取得批准的单位，负责行政审批的部门发现其不再具备安全生产条件的，应当撤销原批准。

第六十四条 负有安全生产监督管理职责的部门对涉及安全生产的事项进行审查、验收，不得收取费用；不得要求接受审查、验收的单位购买其指定品牌或者指定生产、销售单位的安全设备、器材或者其他产品。

第六十五条 应急管理部门和其他负有安全生产监督管理职责的部门依法开展安全生产行政执法工作，对生产经营单位执行有关安全生产的法律、法规和国家标准或者行业标准的情况进行监督检查，行使以下职权：

1. 进入生产经营单位进行检查，调阅有关资料，向有关单位和人员了解情况；

2. 对检查中发现的安全生产违法行为，当场予以纠正或者要求限期改正；对依法应当给予行政处罚的行为，依照本法和其他有关法律、行政法规的规定做出行政处罚决定；

3. 对检查中发现的事故隐患，应当责令立即排除；重大事故隐患排除前或者排除过程中无法保证安全的，应当责令从危险区域内撤出作业人员，责令暂时停产停业或者停止使用相关设施、设备；重大事故隐患排除后，经审查同意，方可恢复生产经营和使用；

4. 对有根据认为不符合保障安全生产的国家标准或者行业标准的设施、设备、器材以及违法生产、储存、使用、经营、运输的危险物品予以查封或者扣押，对违法生产、储存、使用、经营危险物品的作业场所予以查封，并依法做出处理决定。

监督检查不得影响被检查单位的正常生产经营活动。

第六十六条 生产经营单位对负有安全生产监督管理职责的部门的监督检查人员（以下统称安全生产监督检查人员）依法履行监督检查职责，应当予以配合，不得拒绝、阻挠。

第六十七条 安全生产监督检查人员应当忠于职守，坚持原则，秉公执法。

安全生产监督检查人员执行监督检查任务时，必须出示有效的行政执法证件；对涉及被检查单位的技术秘密和业务秘密，应当为其保密。

第六十八条 安全生产监督检查人员应当将检查的时间、地点、内容、发现的问题及其处理情况，做出书面记录，并由检查人员和被检查单位的负责人签字；被检查单位的负责人拒绝签字的，检查人员应当将情况记录在案，并向负有安全生产监督管理职责的部门报告。

第六十九条 负有安全生产监督管理职责的部门在监督检查中，应当互相配合，实行联合检查；确需分别进行检查的，应当互通情况，发现存在的安全问题应当由其他有关部门进行处理的，应当及时移送其他有关部门并形成记录备查，接受移送的部门应当及时进行处理。

第七十条 负有安全生产监督管理职责的部门依法对存在重大事故隐患的生产经营单位做出停产停业、停止施工、停止使用相关设施或者设备的决定，生产经营单位应当依法执行，及时消除事故隐患。生产经营单位拒不执行，有发生生产安全事故的现实危险的，在保证安全的前提下，经本部门主要负责人批准，负有安全生产监督管理职责的部门可以采取通知有关单位停止供电、停止供应民用爆炸物品等措施，强制生产经营单位履行决定。通知应当采用书面形式，有关单位应当予以配合。

负有安全生产监督管理职责的部门依照前款规定采取停止供电措施，除有危及生产安全的紧急情形外，应当提前二十四小时通知生产经营单位。生产经营单位依法履行行政决定、采取相应措施消除事故隐患的，负有安全生产监督管理职责的部门应当及时解除前款规定的措施。

第七十一条　监察机关依照监察法的规定，对负有安全生产监督管理职责的部门及其工作人员履行安全生产监督管理职责实施监察。

第七十二条　承担安全评价、认证、检测、检验职责的机构应当具备国家规定的资质条件，并对其做出的安全评价、认证、检测、检验结果的合法性、真实性负责。资质条件由国务院应急管理部门会同国务院有关部门制定。

承担安全评价、认证、检测、检验职责的机构应当建立并实施服务公开和报告公开制度，不得租借资质、挂靠、出具虚假报告。

第七十三条　负有安全生产监督管理职责的部门应当建立举报制度，公开举报电话、信箱或者电子邮件地址等网络举报平台，受理有关安全生产的举报；受理的举报事项经调查核实后，应当形成书面材料；需要落实整改措施的，报经有关负责人签字并督促落实。对不属于本部门职责，需要由其他有关部门进行调查处理的，转交其他有关部门处理。

涉及人员死亡的举报事项，应当由县级以上人民政府组织核查处理。

第七十四条　任何单位或者个人对事故隐患或者安全生产违法行为，均有权向负有安全生产监督管理职责的部门报告或者举报。

因安全生产违法行为造成重大事故隐患或者导致重大事故，致使国家利益或者社会公共利益受到侵害的，人民检察院可以根据民事诉讼法、行政诉讼法的相关规定提起公益诉讼。

第七十五条　居民委员会、村民委员会发现其所在区域内的生产经营单位存在事故隐患或者安全生产违法行为时，应当向当地人民政府或者有关部门报告。

第七十六条　县级以上各级人民政府及其有关部门对报告重大事故隐患或者举报安全生产违法行为的有功人员，给予奖励。具体奖励办法由国务院应急管理部门会同国务院财政部门制定。

第七十七条　新闻、出版、广播、电影、电视等单位有进行安全生产公益宣传教育的义务，有对违反安全生产法律、法规的行为进行舆论监督的权利。

第七十八条　负有安全生产监督管理职责的部门应当建立安全生产违法行为信息库，如实记录生产经营单位及其有关从业人员的安全生产违法行为信息；对违法行为情节严重的生产经营单位及其有关从业人员，应当及时向社会公告，并通报行业主管部门、投资主管部门、自然资源主管部门、生态环境主管部门、证券监督管理机构以及有关金融机构。有关部门和机构应当对存在失信行为的生产经营单位及其有关从业人员采取加大执法检查频次、暂停项目审批、上调有关保险费率、行业或者职业禁入等联合惩戒措施，并向社会公示。

负有安全生产监督管理职责的部门应当加强对生产经营单位行政处罚信息的及时归集、共享、应用和公开，对生产经营单位做出处罚决定后七个工作日内在监督管理部门公示系统予以公开曝光，强化对违法失信生产经营单位及其有关从业人员的社会监督，提高全社会安全生产诚信水平。

第五章　生产安全事故的应急救援与调查处理

第七十九条　国家加强生产安全事故应急能力建设，在重点行业、领域建立应急救援基地和应急救援队伍，并由国家安全生产应急救援机构统一协调指挥；鼓励生产经营单位和其他社会力量建立应急救援队伍，配备相应的应急救援装备和物资，提高应急救援的专业化水平。

国务院应急管理部门牵头建立全国统一的生产安全事故应急救援信息系统，国务院交通运输、住房和城乡建设、水利、民航等有关部门和县级以上地方人民政府建立健全相关行业、领域、地区的生产安全事故应急救援信息系统，实现互联互通、信息共享，通过推行网上安全信息采集、安全监管和监测预警，提升监管的精准化、智能化水平。

第八十条　县级以上地方各级人民政府应当组织有关部门制定本行政区域内生产安全事故应急救援预案，建立应急救援体系。

乡镇人民政府和街道办事处，以及开发区、工业园区、港区、风景区等应当制定相应的生产安全事故应急救援预案，协助人民政府有关部门或者按照授权依法履行生产安全事故应急救援工作职责。

第八十一条　生产经营单位应当制定本单位生产安全事故应急救援预案，与所在地县级以上地方人民政府组织制定的生产安全事故应急救援预案相衔接，并定期组织演练。

第八十二条　危险物品的生产、经营、储存单位以及矿山、金属冶炼、城市轨道交通运营、建筑施工单位应当建立应急救援组织；生产经营规模较小的，可以不建立应急救援组织，但应当指定兼职的应急救援人员。

危险物品的生产、经营、储存、运输单位以及矿山、金属冶炼、城市轨道交通运营、建筑施工单位应当配备必要的应急救援器材、设备和物资，并进行经常性维护、保养，保证正常运转。

第八十三条　生产经营单位发生生产安全事故后，事故现场有关人员应当立即报告本单位负责人。

单位负责人接到事故报告后，应当迅速采取有效措施，组织抢救，防止事故扩大，减少人员伤亡和财产损失，并按照国家有关规定立即如实报告当地负有安全生产监督管理职责的部门，不得隐瞒不报、谎报或者迟报，不得故意破坏事故现场、毁灭有关证据。

第八十四条　负有安全生产监督管理职责的部门接到事故报告后，应当立即按照国家有关规定上报事故情况。负有安全生产监督管理职责的部门和有关地方人民政府对事故情况不得隐瞒不报、谎报或者迟报。

第八十五条　有关地方人民政府和负有安全生产监督管理职责的部门的负责人接到生产安全事故报告后，应当按照生产安全事故应急救援预案的要求立即赶到事故现场，组织事故抢救。

参与事故抢救的部门和单位应当服从统一指挥，加强协同联动，采取有效的应急救援措施，并根据事故救援的需要采取警戒、疏散等措施，防止事故扩大和次生灾害的发生，减少人员伤亡和财产损失。

事故抢救过程中应当采取必要措施，避免或者减少对环境造成的危害。

任何单位和个人都应当支持、配合事故抢救，并提供一切便利条件。

第八十六条　事故调查处理应当按照科学严谨、依法依规、实事求是、注重实效的原则，及时、准确地查清事故原因，查明事故性质和责任，评估应急处置工作，总结事故教训，提出整改措施，并对事故责任单位和人员提出处理建议。事故调查报告应当依法及时向社会公布。事故调查和处理的具体办法由国务院制定。

事故发生单位应当及时全面落实整改措施，负有安全生产监督管理职责的部门应当加强监督检查。

负责事故调查处理的国务院有关部门和地方人民政府应当在批复事故调查报告后一年内，组织有关部门对事故整改和防范措施落实情况进行评估，并及时向社会公开评估结果；对不履行职责导致事故整改和防范措施没有落实的有关单位和人员，应当按照有关规定追究责任。

第八十七条　生产经营单位发生生产安全事故，经调查确定为责任事故的，除了应当查明事故单位的责任并依法予以追究外，还应当查明对安全生产的有关事项负有审查批准和监督职责的行政部门的责任，对有失职、渎职行为的，依照本法第九十条的规定追究法律责任。

第八十八条　任何单位和个人不得阻挠和干涉对事故的依法调查处理。

第八十九条　县级以上地方各级人民政府应急管理部门应当定期统计分析本行政区域内发生生产安全事故的情况，并定期向社会公布。

第六章　法　律　责　任

第九十条　负有安全生产监督管理职责的部门的工作人员，有下列行为之一的，给予降级或者撤职的处分；构成犯罪的，依照刑法有关规定追究刑事责任：

1. 对不符合法定安全生产条件的涉及安全生产的事项予以批准或者验收通过的；

2. 发现未依法取得批准、验收的单位擅自从事有关活动或者接到举报后不予取缔或者不依法予以处理的；

3. 对已经依法取得批准的单位不履行监督管理职责，发现其不再具备安全生产条件而不撤销原批准或者发现安全生产违法行为不予查处的；

4. 在监督检查中发现重大事故隐患，不依法及时处理的。

负有安全生产监督管理职责的部门的工作人员有前款规定以外的滥用职权、玩忽职守、徇私舞弊行为的，依法给予处分；构成犯罪的，依照刑法有关规定追究刑事责任。

第九十一条　负有安全生产监督管理职责的部门，要求被审查、验收的单位购买其指定的安全设备、器材或者其他产品的，在对安全生产事项的审查、验收中收取费用的，由其上级机关或者监察机关责令改正，责令退还收取的费用；情节严重的，对直接负责的主管人员和其他直接责任人员依法给予处分。

第九十二条　承担安全评价、认证、检测、检验职责的机构出具失实报告的，责令停业整顿，并处三万元以上十万元以下的罚款；给他人造成损害的，依法承担赔偿责任。

承担安全评价、认证、检测、检验职责的机构租借资质、挂靠、出具虚假报告的，没收违法所得；违法所得在十万元以上的，并处违法所得二倍以上五倍以下的罚款，没有违法所得或者违法所得不足十万元的，单处或者并处十万元以上二十万元以下的罚款；对其直接负责的主管人员和其他直接责任人员处五万元以上十万元以下的罚款；给他人造成损害的，与生产经营单位承担连带赔偿责任；构成犯罪的，依照刑法有关规定追究刑事责任。

对有前款违法行为的机构及其直接责任人员，吊销其相应资质和资格，五年内不得从事安全评价、认证、检测、检验等工作；情节严重的，实行终身行业和职业禁入。

第九十三条　生产经营单位的决策机构、主要负责人或者个人经营的投资人不依照本法规定保证安全生产所必需的资金投入，致使生产经营单位不具备安全生产条件的，责令限期改正，提供必需的资金；逾期未改正的，责令生产经营单位停产停业整顿。

有前款违法行为，导致发生生产安全事故的，对生产经营单位的主要负责人给予撤职处分，对个人经营的投资人处二万元以上二十万元以下的罚款；构成犯罪的，依照刑法有关规定追究刑事责任。

第九十四条　生产经营单位的主要负责人未履行本法规定的安全生产管理职责的，责令限期改正，处二万元以上五万元以下的罚款；逾期未改正的，处五万元以上十万元以下的罚款，责令生产经营单位停产停业整顿。

生产经营单位的主要负责人有前款违法行为，导致发生生产安全事故的，给予撤职处分；构成犯罪的，依照刑法有关规定追究刑事责任。

生产经营单位的主要负责人依照前款规定受刑事处罚或者撤职处分的，自刑罚执行完毕或者受处分之日起，五年内不得担任任何生产经营单位的主要负责人；对重大、特别重大生产安全事故负有责任的，终身不得担任本行业生产经营单位的主要负责人。

第九十五条　生产经营单位的主要负责人未履行本法规定的安全生产管理职责，导致发生生产安全事故的，由应急管理部门依照下列规定处以罚款：

1. 发生一般事故的，处上一年年收入百分之四十的罚款；

2. 发生较大事故的，处上一年年收入百分之六十的罚款；

3. 发生重大事故的，处上一年年收入百分之八十的罚款；

4. 发生特别重大事故的，处上一年年收入百分之一百的罚款。

第九十六条　生产经营单位的其他负责人和安全生产管理人员未履行本法规定的安全生产管理职责的，责令限期改正，处一万元以上三万元以下的罚款；导致发生生产安全事故的，暂停或者吊销其与安全生产有关的资格，并处上一年年收入百分之二十以上百分之五十以下的罚款；构成犯罪的，依照刑法有关规定追究刑事责任。

第九十七条　生产经营单位有下列行为之一的，责令限期改正，处十万元以下的罚款；逾期未改正的，责令停产停业整顿，并处十万元以上二十万元以下的罚款，对其直接负责的主管人员和其他直接责任人员处二万元以上五万元以下的罚款：

1. 未按照规定设置安全生产管理机构或者配备安全生产管理人员、注册安全工程师的；

2. 危险物品的生产、经营、储存、装卸单位以及矿山、金属冶炼、建筑施工、运输单位的主要负责人和安全生产管理人员未按照规定经考核合格的；

3. 未按照规定对从业人员、被派遣劳动者、实习学生进行安全生产教育和培训，或者未按照规定如实告知有关的安全生产事项的；

4. 未如实记录安全生产教育和培训情况的；

5. 未将事故隐患排查治理情况如实记录或者未向从业人员通报的；

6. 未按照规定制定生产安全事故应急救援预案或者未定期组织演练的；

7. 特种作业人员未按照规定经专门的安全作业培训并取得相应资格，上岗作业的。

第九十八条　生产经营单位有下列行为之一的，责令停止建设或者停产停业整顿，限期改正，并处十万元以上五十万元以下的罚款，对其直接负责的主管人员和其他直接责任人员处二万元以上五万元以下的罚款；逾期未改正的，处五十万元以上一百万元以下的罚款，对其直接负责的主管人员和其他直接责任人员处五万元以上十万元以下的罚款；构成犯罪的，依照刑法有关规定追究刑事责任：

　　1. 未按照规定对矿山、金属冶炼建设项目或者用于生产、储存、装卸危险物品的建设项目进行安全评价的；

　　2. 矿山、金属冶炼建设项目或者用于生产、储存、装卸危险物品的建设项目没有安全设施设计或者安全设施设计未按照规定报经有关部门审查同意的；

　　3. 矿山、金属冶炼建设项目或者用于生产、储存、装卸危险物品的建设项目的施工单位未按照批准的安全设施设计施工的；

　　4. 矿山、金属冶炼建设项目或者用于生产、储存、装卸危险物品的建设项目竣工投入生产或者使用前，安全设施未经验收合格的。

　　第九十九条　生产经营单位有下列行为之一的，责令限期改正，处五万元以下的罚款；逾期未改正的，处五万元以上二十万元以下的罚款，对其直接负责的主管人员和其他直接责任人员处一万元以上二万元以下的罚款；情节严重的，责令停产停业整顿；构成犯罪的，依照刑法有关规定追究刑事责任：

　　1. 未在有较大危险因素的生产经营场所和有关设施、设备上设置明显的安全警示标志的；

　　2. 安全设备的安装、使用、检测、改造和报废不符合国家标准或者行业标准的；

　　3. 未对安全设备进行经常性维护、保养和定期检测的；

　　4. 关闭、破坏直接关系生产安全的监控、报警、防护、救生设备、设施，或者篡改、隐瞒、销毁其相关数据、信息的；

　　5. 未为从业人员提供符合国家标准或者行业标准的劳动防护用品的；

　　6. 危险物品的容器、运输工具，以及涉及人身安全、危险性较大的海洋石油开采特种设备和矿山井下特种设备未经具有专业资质的机构检测、检验合格，取得安全使用证或者安全标志，投入使用的；

　　7. 使用应当淘汰的危及生产安全的工艺、设备的；

　　8. 餐饮等行业的生产经营单位使用燃气未安装可燃气体报警装置的。

　　第一百条　未经依法批准，擅自生产、经营、运输、储存、使用危险物品或者处置废弃危险物品的，依照有关危险物品安全管理的法律、行政法规的规定予以处罚；构成犯罪的，依照刑法有关规定追究刑事责任。

　　第一百零一条　生产经营单位有下列行为之一的，责令限期改正，处十万元以下的罚款；逾期未改正的，责令停产停业整顿，并处十万元以上二十万元以下的罚款，对其直接负责的主管人员和其他直接责任人员处二万元以上五万元以下的罚款；构成犯罪的，依照刑法有关规定追究刑事责任：

　　1. 生产、经营、运输、储存、使用危险物品或者处置废弃危险物品，未建立专门安全管理制度、未采取可靠的安全措施的；

　　2. 对重大危险源未登记建档，未进行定期检测、评估、监控，未制定应急预案，或者未告知应急措施的；

　　3. 进行爆破、吊装、动火、临时用电以及国务院应急管理部门会同国务院有关部门规定的其他危险作业，未安排专门人员进行现场安全管理的；

　　4. 未建立安全风险分级管控制度或者未按照安全风险分级采取相应管控措施的；

5. 未建立事故隐患排查治理制度，或者重大事故隐患排查治理情况未按照规定报告的。

第一百零二条　生产经营单位未采取措施消除事故隐患的，责令立即消除或者限期消除，处五万元以下的罚款；生产经营单位拒不执行的，责令停产停业整顿，对其直接负责的主管人员和其他直接责任人员处五万元以上十万元以下的罚款；构成犯罪的，依照刑法有关规定追究刑事责任。

第一百零三条　生产经营单位将生产经营项目、场所、设备发包或者出租给不具备安全生产条件或者相应资质的单位或者个人的，责令限期改正，没收违法所得；违法所得十万元以上的，并处违法所得二倍以上五倍以下的罚款；没有违法所得或者违法所得不足十万元的，单处或者并处十万元以上二十万元以下的罚款；对其直接负责的主管人员和其他直接责任人员处一万元以上二万元以下的罚款；导致发生生产安全事故给他人造成损害的，与承包方、承租方承担连带赔偿责任。

生产经营单位未与承包单位、承租单位签订专门的安全生产管理协议或者未在承包合同、租赁合同中明确各自的安全生产管理职责，或者未对承包单位、承租单位的安全生产统一协调、管理的，责令限期改正，处五万元以下的罚款，对其直接负责的主管人员和其他直接责任人员处一万元以下的罚款；逾期未改正的，责令停产停业整顿。

矿山、金属冶炼建设项目和用于生产、储存、装卸危险物品的建设项目的施工单位未按照规定对施工项目进行安全管理的，责令限期改正，处十万元以下的罚款，对其直接负责的主管人员和其他直接责任人员处二万元以下的罚款；逾期未改正的，责令停产停业整顿。以上施工单位倒卖、出租、出借、挂靠或者以其他形式非法转让施工资质的，责令停产停业整顿，吊销资质证书，没收违法所得；违法所得十万元以上的，并处违法所得二倍以上五倍以下的罚款，没有违法所得或者违法所得不足十万元的，单处或者并处十万元以上二十万元以下的罚款；对其直接负责的主管人员和其他直接责任人员处五万元以上十万元以下的罚款；构成犯罪的，依照刑法有关规定追究刑事责任。

第一百零四条　两个以上生产经营单位在同一作业区域内进行可能危及对方安全生产的生产经营活动，未签订安全生产管理协议或者未指定专职安全生产管理人员进行安全检查与协调的，责令限期改正，处五万元以下的罚款，对其直接负责的主管人员和其他直接责任人员处一万元以下的罚款；逾期未改正的，责令停产停业。

第一百零五条　生产经营单位有下列行为之一的，责令限期改正，处五万元以下的罚款，对其直接负责的主管人员和其他直接责任人员处一万元以下的罚款；逾期未改正的，责令停产停业整顿；构成犯罪的，依照刑法有关规定追究刑事责任：

1. 生产、经营、储存、使用危险物品的车间、商店、仓库与员工宿舍在同一座建筑内，或者与员工宿舍的距离不符合安全要求的；

2. 生产经营场所和员工宿舍未设有符合紧急疏散需要、标志明显、保持畅通的出口、疏散通道，或者占用、锁闭、封堵生产经营场所或者员工宿舍出口、疏散通道的。

第一百零六条　生产经营单位与从业人员订立协议，免除或者减轻其对从业人员因生产安全事故伤亡依法应承担的责任的，该协议无效；对生产经营单位的主要负责人、个人经营的投资人处二万元以上十万元以下的罚款。

第一百零七条　生产经营单位的从业人员不落实岗位安全责任，不服从管理，违反安全生产规章制度或者操作规程的，由生产经营单位给予批评教育，依照有关规章制度给予处分；构成犯罪的，依照刑法有关规定追究刑事责任。

第一百零八条　违反本法规定，生产经营单位拒绝、阻碍负有安全生产监督管理职责的部门依法实施监督检查的，责令改正；拒不改正的，处二万元以上二十万元以下的罚款；对其直接负责的主管人员和其他直接责任人员处一万元以上二万元以下的罚款；构成犯罪的，依照刑法有关规定追究刑事责任。

第一百零九条　高危行业、领域的生产经营单位未按照国家规定投保安全生产责任保险的，责令限期改正，处五万元以上十万元以下的罚款；逾期未改正的，处十万元以上二十万元以下的罚款。

第一百一十条　生产经营单位的主要负责人在本单位发生生产安全事故时，不立即组织抢救或者在事故调查处理期间擅离职守或者逃匿的，给予降级、撤职的处分，并由应急管理部门处上一年年收入百分之六十至百分之一百的罚款；对逃匿的处十五日以下拘留；构成犯罪的，依照刑法有关规定追究刑事责任。

生产经营单位的主要负责人对生产安全事故隐瞒不报、谎报或者迟报的，依照前款规定处罚。

第一百一十一条　有关地方人民政府、负有安全生产监督管理职责的部门，对生产安全事故隐瞒不报、谎报或者迟报的，对直接负责的主管人员和其他直接责任人员依法给予处分；构成犯罪的，依照刑法有关规定追究刑事责任。

第一百一十二条　生产经营单位违反本法规定，被责令改正且受到罚款处罚，拒不改正的，负有安全生产监督管理职责的部门可以自做出责令改正之日的次日起，按照原处罚数额按日连续处罚。

第一百一十三条　生产经营单位存在下列情形之一的，负有安全生产监督管理职责的部门应当提请地方人民政府予以关闭，有关部门应当依法吊销其有关证照。生产经营单位主要负责人五年内不得担任任何生产经营单位的主要负责人；情节严重的，终身不得担任本行业生产经营单位的主要负责人：

1. 存在重大事故隐患，一百八十日内三次或者一年内四次受到本法规定的行政处罚的；

2. 经停产停业整顿，仍不具备法律、行政法规和国家标准或者行业标准规定的安全生产条件的；

3. 不具备法律、行政法规和国家标准或者行业标准规定的安全生产条件，导致发生重大、特别重大生产安全事故的；

4. 拒不执行负有安全生产监督管理职责的部门做出的停产停业整顿决定的。

第一百一十四条　发生生产安全事故，对负有责任的生产经营单位除要求其依法承担相应的赔偿等责任外，由应急管理部门依照下列规定处以罚款：

1. 发生一般事故的，处三十万元以上一百万元以下的罚款；

2. 发生较大事故的，处一百万元以上二百万元以下的罚款；

3. 发生重大事故的，处二百万元以上一千万元以下的罚款；

4. 发生特别重大事故的，处一千万元以上二千万元以下的罚款。

发生生产安全事故，情节特别严重、影响特别恶劣的，应急管理部门可以按照前款罚款数额的二倍以上五倍以下对负有责任的生产经营单位处以罚款。

第一百一十五条　本法规定的行政处罚，由应急管理部门和其他负有安全生产监督管理职责的部门按照职责分工决定；其中，根据本法第九十五条、第一百一十条、第一百一十四条的规定应当给予民航、铁路、电力行业的生产经营单位及其主要负责人行政处罚的，也可以由主管的负有安全生产监督管理职责的部门进行处罚。予以关闭的行政处罚，由负有安全生产监督管理职责的部门报请县级以上人民政府按照国务院规定的权限决定；给予拘留的行政处罚，由公安机关依照治安管理处罚的规定决定。

第一百一十六条　生产经营单位发生生产安全事故造成人员伤亡、他人财产损失的，应当依法承担赔偿责任；拒不承担或者其负责人逃匿的，由人民法院依法强制执行。

生产安全事故的责任人未依法承担赔偿责任，经人民法院依法采取执行措施后，仍不能对受害人给予足额赔偿的，应当继续履行赔偿义务；受害人发现责任人有其他财产的，可以随时请求人民法院执行。

第七章　附　　则

第一百一十七条　本法下列用语的含义：

危险物品，是指易燃易爆物品、危险化学品、放射性物品等能够危及人身安全和财产安全的物品。

重大危险源，是指长期地或者临时地生产、搬运、使用或者储存危险物品，且危险物品的数量等于或者超过临界量的单元（包括场所和设施）。

第一百一十八条　本法规定的生产安全一般事故、较大事故、重大事故、特别重大事故的划分标准由国务院规定。

国务院应急管理部门和其他负有安全生产监督管理职责的部门应当根据各自的职责分工，制定相关行业、领域重大危险源的辨识标准和重大事故隐患的判定标准。

第一百一十九条　本法自 2002 年 11 月 1 日起施行。

（二）关于进一步加强冶金企业煤气安全技术管理的有关规定

（安监总管四〔2010〕125 号）

针对《工业企业煤气安全规程》（GB 6222—2005）在执行中存在的不足或缺陷，现就进一步加强冶金企业煤气安全技术管理提出以下有关规定：

1. 冶金企业应严格执行《工业企业煤气安全规程》（GB 6222—2005），建立和完善煤气安全管理制度，落实相关要求。

2. 煤气危险区域，包括高炉风口及以上平台、转炉炉口以上平台、煤气柜活塞上部、烧结点火器及热风炉、加热炉、管式炉、燃气锅炉等燃烧器旁等易产生煤气泄漏的区域和焦炉地下室、加压站房、风机房等封闭或半封闭空间等，应设固定式一氧化碳监测报警装置。

3. 煤气生产、净化（回收）、加压混合、储存、使用等设施附近有人值守的岗位，应设固定式一氧化碳监测报警装置，值守的房间应保证正压通风。

4. 在煤气区域工作的作业人员，应携带一氧化碳检测报警仪，进入涉及煤气的设施内，必须保证该设施内氧气含量不低于 19.5%，作业时间要根据一氧化碳的含量确定，动火必须用可燃气体测定仪测定合格或爆发实验合格；设施内一氧化碳含量高（大于 50ppm）或氧气含量低（小于 19.5%）时，应佩戴空气或氧气呼吸器等隔离式呼吸器具；设专职监护人员。

5. 转炉煤气和铁合金炉煤气宜添加臭味剂后供用户使用。

6. 水封装置（含排水器）必须能够检查水封高度和高水位溢流的排水口；严防水封装置的清扫孔（排污闸阀或旋塞）出现泄漏。

7. 检修的煤气设施，包括煤气加压机、抽气机、鼓风机、布袋除尘器、煤气余压发电机组（TRT）、电捕焦油器、煤气柜、脱硫塔、洗苯塔、煤气加热器、煤气净化器等，煤气输入、输出管道必须采用可靠的隔断装置。

8. 用单一闸阀隔断必须在其后堵盲板或加水封，并宜改造为电动蝶阀加眼镜阀或插板阀。

9. 过剩煤气必须点燃放散，放散管管口高度应高于周围建筑物，且不低于 50 米，放散时要有火焰监测装置和蒸汽或氮气灭火设施。

10. 煤气管道和设备应保持稳定运行。当压力低于 500 帕时，必须采取保压措施。

11. 吹扫和置换煤气管道、设备及设施内的煤气，必须用蒸汽、氮气或合格烟气，不允许用空气直接置换煤气。

12. 煤气管道应架空铺设，严禁一氧化碳含量高于 10% 的煤气管道埋地铺设。

13. 煤气管道宜涂灰色，厂区主要煤气管道应标有明显的煤气流向和种类标志，横跨道路煤气管道要标示标高，并设置防撞护栏。

14. 煤气管道的强度试验压力应高于严密性试验压力；高压煤气管道（压力大于或等于 $3×10^4$ 帕）的试验压力应高于常压煤气管道。

15. 煤气设备设施和管道泄爆装置泄爆口，不应正对建筑物的门窗，如设在走梯或过道旁，必须要有警示标志。

16. 凡开、闭时冒出煤气的隔断装置盲板、眼镜阀或扇形阀及敞开式插板阀等，不应安装在厂房内或通风不良之处，离明火设备距离不少于 40 米。

17. 煤气设备设施的改造和施工，必须由有资质的设计单位和施工单位进行；凡新型煤气设备或附属装置必须经过安全条件论证。

18. 生产、供应、使用煤气的冶金企业必须设立煤气防护站，配备必要的人员、救援设施及特种作业器具，做好本单位危险作业防护和救援工作。

19. 从事煤气生产、储存、输送、使用、维护检修的作业人员必须经专门的安全技术培训并考核合格，持特种作业操作证方能上岗作业。

附录 B　煤气作业安全技术培训大纲及考核标准

1. 范围

本标准规定了冶金（有色）煤气作业人员的基本条件、安全技术培训（以下简称培训）大纲和安全技术考核（以下简称考核）要求。

2. 规范性引用文件

下列文件中的条款通过本标准的引用而成为本标准的条款。凡是注明日期的引用文件，其随后所有的修改单（不包括错误的内容）或修改版，均不适用于本标准。然而，鼓励根据本标准达成协议的各方研究是否使用这些文件的最新版本。凡是不注明日期的引用文件，其最新版本适用于本标准。

《工业企业煤气安全规程》（GB 6222—2005）

《国家安全监管总局关于印发进一步加强冶金企业煤气安全技术管理有关规定的通知》（安监总管四〔2010〕125 号）

3. 术语和定义

下列术语和定义适用于本标准

3.1　冶金（有色）煤气作业人员 gas operator in metallurgical industry

指冶金（有色）企业内从事煤气生产、储存、输送、使用、维护检修等作业的专职人员。

4. 基本条件

4.1　年满 18 周岁，且不超过国家法定退休年龄。

4.2　经社区或者县级以上医疗机构体检健康合格，并无妨碍从事相应特种作业的器质性心脏病、癫痫病、美尼尔氏症、眩晕症、癔症、帕金森病症、精神病、痴呆症以及其他疾病和生理缺陷。

4.3　具有初中及以上文化程度。

4.4　必须经专门的安全技术培训并考核合格，持特种作业操作证方能上岗作业。

5. 培训大纲

5.1　培训要求

5.1.1　按照《特种作业人员安全技术培训考核管理规定》，每 3 年复审 1 次。

5.1.2　培训应坚持理论与实际相结合，侧重实际操作技能训练；应注意对冶金（有色）煤气作业人员进行道德、安全法律意识、安全技术知识的教育。

5.1.3　通过培训，冶金（有色）煤气作业人员应掌握安全技术知识（包括安全基本知识、安全技术基础知识）和实际操作技能。

5.2　培训内容

5.2.1　安全基本知识

5.2.1.1　安全生产法律法规与煤气安全管理。主要包括以下内容：

1）我国安全生产方针；

2）有关煤气安全生产法规；

3）煤气安全生产管理制度；

4）劳动保护相关知识。

5.2.1.2　煤气安全生产知识与主要事故防治。主要包括以下内容：

1）煤气及相关知识；

2）煤气主要事故的预防，包括煤气泄漏、煤气中毒、着火、爆炸事故等；

3）煤气安全防护仪器的使用与维护；

4）煤气检测与监控。

5.2.2　安全技术基础知识

5.2.2.1　煤气生产、回收与净化安全技术。主要包括以下内容：

1）发生炉煤气生产与净化生产工艺，设备结构，煤气性质；

2）高炉煤气回收与净化生产工艺，设备结构，煤气性质；

3）焦炉煤气回收与净化生产工艺，设备结构，煤气性质；

4）转炉煤气回收与净化生产工艺，设备结构，煤气性质；

5）铁合金炉煤气回收与净化生产工艺，设备结构，煤气性质。

5.2.2.2　煤气管道的结构与施工。主要包括以下内容：

1）管道敷设；

2）管道防腐；

3）管道试验。

5.2.2.3　煤气设备与管道附属装置

5.2.2.4　煤气加压站与混合站内设施

5.2.2.5　煤气柜。主要包括以下内容：

1）干式煤气柜设施结构，安全生产监控系统运行；

2）湿式煤气柜设施结构，安全生产监控系统运行。

5.2.3　实际操作技能

5.2.3.1　煤气设备与管道附属装置操作。主要包括以下内容：

1）燃烧装置操作；

2）隔断装置与可靠隔断装置操作；

3）放散装置：吹扫煤气放散管、剩余煤气放散管的安全操作；

4）冷凝物排水器的安全操作；

5）蒸汽管、氮气管的安全运行；

6）补偿器的安全操作；

7）泄爆膜的安全操作；

8）人孔、手孔及检查管的安全管理及运行；

9）各种气密性试验。

5.2.3.2　煤气设施的操作与检修。主要包括以下内容：

1）煤气设施运行：发生炉煤气生产、高炉煤气回收、转炉煤气回收、焦炉煤气净化回收、铁合金炉煤气净化回收、煤气加压与混合、煤气点火燃烧等操作；

2）煤气设施的检修：停煤气检修、进入煤气设备内部工作、带煤气作业、煤气设备上动火的安全操作及运行。

5.2.4　煤气事故应急救援

5.2.4.1　煤气事故处理。主要包括以下内容：

1）煤气中毒者的抢救；

2）煤气着火事故的处理；

3）煤气爆炸事故的处理；

4）各类灭火装置的使用。

5.2.4.2　煤气防护救助设备安全操作及演练。主要包括以下内容：

1）氧气充装；

2）呼吸器、通风式防毒面具的使用；

3）充填装置的使用；

4）CO 报警器（便携式和固定式）、氧含量检测器的使用、维护保养；

5）自动苏生器的使用；

6）隔离式自救器的使用；

7）各种有毒气体分析仪的使用；

8）防爆测定仪的使用。

5.3　复审培训内容

5.3.1　有关安全生产法律、法规、国家标准、行业标准、规程、规范。

5.3.2　有关冶金（有色）安全生产新技术、新工艺、新装备知识。

5.3.3　典型事故案例分析。

5.4　培训学时安排

5.4.1　培训时间应不少于 94 学时，具体培训时间宜符合表 1 的规定。

5.4.2　复审培训时间应不少于 8 学时，具体培训时间宜符合表 2 的规定。

6. 考核标准

6.1　考核办法

6.1.1　考核的分类和范围

6.1.1.1　冶金（有色）煤气作业人员的考核分为安全技术知识（包括安全基本知识、安全技术基础知识）和实际操作技能考核两部分。

6.1.1.2　冶金（有色）煤气作业人员的考核范围应符合本标准 6.2 的规定。

6.1.2　考核方式

6.1.2.1　安全技术知识的考核方式可为笔试、计算机考试。满分为 100 分。考试时间为 90 分钟。

6.1.2.2　实际操作技能考核方式应为实际操作为主，也可采用满足 6.2.3 要求的模拟操作或口试。满分为 100 分。

6.1.2.3　安全技术知识、实际操作技能考核成绩均 60 分以上者为考核合格。两部分考核均合格者为考核合格。考核不合格者允许补考一次。

6.1.3　考核内容的层次和比重

6.1.3.1　安全技术知识考核内容分为了解、掌握和熟练掌握三个层次，按 20%、30%、50%的比重进行考核。

6.1.3.2　实际操作技能考核内容分为掌握和熟练掌握两个层次，按 30%、70%的比重进行考核。

6.2　考核要点

6.2.1　安全基本知识

6.2.1.1　安全生产法律法规与煤气安全管理制度。主要包括以下内容：

1）了解我国安全生产方针；

2）了解有关煤气安全生产法规和安全生产管理制度；

3）掌握劳动保护相关知识。

6.2.1.2　煤气安全生产知识与主要事故防治。主要包括以下内容：

1）了解煤气及相关知识；

2）了解煤气主要事故的预防知识，包括：煤气泄漏、煤气中毒、着火、爆炸事故等；

3）煤气安全防护仪器的使用与维护知识；

4）煤气检测与监控。

6.2.2　安全技术基础知识

6.2.2.1　煤气生产、回收与净化安全技术。主要包括以下内容：

1）了解发生炉煤气回收与净化生产工艺，设备结构，煤气性质；

2）了解焦炉煤气回收与净化生产工艺，设备结构，煤气性质；

3）了解高炉煤气回收与净化生产工艺，设备结构，煤气性质；

4）了解转炉煤气回收与净化生产工艺，设备结构，煤气性质；

5）了解铁合金炉煤气回收与净化生产工艺，设备结构，煤气性质。

6.2.2.2　煤气管道（含天然气管道）的结构与施工。主要包括以下内容：

1）了解管道敷设方法；

2）了解管道防腐方法；

3）了解管道试验方法。

6.2.2.3　煤气设备与管道附属装置。掌握煤气设备与管道附属装置的名称、用途和安全操作技术。

6.2.2.4　煤气加压站与混合站内设施。了解煤气加压站与混合站内设施名称、用途和安全操作技术。

6.2.2.5　煤气柜。主要包括以下内容：

1）了解干式煤气柜设施结构，掌握安全生产监控系统运行；

2）了解湿式煤气柜设施结构，掌握安全生产监控系统运行。

6.2.3　实际操作技能

6.2.3.1　煤气设备与管道附属装置操作。主要包括以下内容：

1）掌握燃烧装置操作技能；

2）掌握冷凝物排水器的安全操作技能；

3）掌握蒸汽管、氮气管的安全运行技能；

4）掌握补偿器的安全操作技能；

5）掌握泄爆膜的安全操作技能；

6）掌握人孔、手孔及检查管的安全管理及运行技能；

7）熟练掌握隔断装置与可靠隔断装置操作；

8）熟练掌握放散装置：包括吹扫煤气放散管、剩余煤气放散管的安全操作技能；

9）熟练掌握各种气密性检验试验技能。

6.2.3.2　煤气设施的操作与检修。主要包括以下内容：

1）掌握煤气设施运行操作要求，包括发生炉煤气生产、高炉煤气回收、转炉煤气回收、焦炉煤气净化回收、铁合金炉煤气净化回收、煤气加压与混合、煤气点火燃烧等操作；

2）掌握煤气设施的检修操作要求，包括停煤气检修、进入煤气设备内部工作、带煤气作业、煤气设备上动火的安全操作及运行。

6.2.3.3　煤气事故处理。主要包括以下内容：

1）掌握煤气着火事故处理技能；

2）掌握煤气爆炸事故处理技能；

3）熟练掌握煤气中毒者的抢救技能；

4）熟练掌握各类灭火装置的使用。

6.2.3.4　煤气防护救助设备的安全操作及演练。主要包括以下内容：

1）掌握充填装置操作技能；

2）掌握 CO 报警器（便携式和固定式）、氧含量检测器的使用、维护保养；

3）掌握隔离式自救器操作技能；

4）掌握各种有毒气体分析仪操作技能；

5）掌握防爆测定仪操作技能；

6）熟练掌握自动苏生器操作技能；

7）熟练掌握氧气充装方法；

8）熟练掌握呼吸器、通风式防毒面具操作技能。

6.3　复审培训考核要点

6.3.1　掌握有关安全生产法律、法规、国家标准、行业标准、规程、规范。

6.3.2　掌握有关冶金（有色）安全生产新技术、新工艺、新装备知识。

6.3.3　掌握典型事故案例分析方法及事故防范措施。

附表 B-1　煤气作业人员安全技术培训学时安排

项　　目		培训内容	学时
安全技术知识 （64 学时）	安全基本知识 （20 学时）	中华人民共和国安全生产法	2
		工业企业煤气安全规程	8
		关于进一步加强冶金企业煤气安全技术管理的有关规定	2
		特种作业人员安全技术培训考核管理规定	2
		动火作业安全制度	2
		工业企业卫生标准及劳动保护	2
		自救、互救、创伤急救	2
	安全技术基础知识 （40 学时）	煤气生产、回收与净化安全技术	8
		煤气管道（含天然气管道）的结构与施工	4
		煤气设备与管道附属装置	8
		煤气加压站与混合站内设施	4
		煤气柜	6
		典型事故案例分析	6
		演示参观	4
	复习		2
	考试		2

续附表 B-1

项　目	培训内容	学时
实际操作技能 （30 学时）	煤气设备与管道附属装置操作	6
	煤气设施的操作与检修	8
	煤气事故处理	6
	煤气防护救助设备的安全操作及演练	6
	复习	2
	考试	2
合　计		94

附表 B-2　煤气作业人员复审培训学时安排

项目	培训内容	学时
复审培训	有关安全生产法律、法规、国家标准、行业标准、规程、规范	不少于 8 学时
	有关冶金（有色）安全生产新技术、新工艺、新装备知识	
	典型事故案例分析	
	复习	
	考试	
合　计		

附录 C 煤气作业安全技术实际操作考试标准

1. 制定依据

《煤气作业安全技术培训大纲及考核标准》。

2. 考试方式

实际操作、仿真模拟操作、口述。

3. 考试要求

3.1 考试科目及内容

3.1.1 科目一：安全用具使用（K1）

3.1.1.1 安全标志识别（K11）

3.1.1.2 安全检测仪器使用（K12）

3.1.1.3 空气呼吸器使用（K13）

3.1.1.4 煤气设备符号识别（K14）

3.1.2 科目二：安全操作技术（K2）

3.1.2.1 立式排水器操作（K21）

3.1.2.2 NK 型水封阀操作（K22）

3.1.2.3 抽堵盲板操作（K23）

3.1.2.4 煤气管道水封清洗操作（K24）

3.1.2.5 煤气工艺流程及安全生产（K25）

3.1.3 科目三：作业现场安全隐患排除（K3）

3.1.3.1 管道停送煤气（K31）

3.1.3.2 加热炉煤气停复役（K32）

3.1.3.3 容器内动火检修（K33）

3.1.3.4 煤气管道动火准备（K34）

3.1.3.5 违章查找（K35）

3.1.4 科目四：作业现场应急处置（K4）

3.1.4.1 煤气中毒人员抢救（K41）

3.1.4.2 煤气设备着火处理（K42）

3.1.4.3 煤气设备爆炸处理（K43）

3.1.4.4 煤气柜泄漏处理（K44）

3.1.4.5 单人徒手心肺复苏操作（K45）

3.2 组卷方式

试卷从上述 4 个科目考题中，各抽取一道题目组成。具体题目由考试系统或考生抽取产生。

3.3 考试成绩

实操考试总分值 100 分，80 分（含）以上为考试合格；若考题中设置有否决项，否决项未通过，则实操考试不合格。科目一、科目二、科目三、科目四考题分值权重分别为20%、40%、20%、20%。

3.4　考试时间

260 分钟。

4. 考试内容

4.1　安全用具使用（K1）

4.1.1　安全标志识别（K11）

4.1.1.1　考试方式

仿真模拟操作、口述。

4.1.1.2　考试时间

10 分钟。

4.1.1.3　操作步骤

（1）禁止标志的使用。

（2）警告标志的使用。

（3）指令标志的使用。

（4）提示标志的使用。

4.1.1.4　评分标准

附表 C-1　K11 安全标志识别　考试时间：10 分钟

序号	考试项目	考试内容	配分	评分标准
1	准备工作	劳动防护用品	20	安全帽未正确佩戴、工作服衣领未扣、袖口未扣、衣襟未扣、未穿劳保鞋，每项扣 4 分，共 20 分，本项配分扣完为止
2	操作过程	禁止标志的使用	20	任选四块，标志使用不正确每个扣 5 分，本项配分扣完为止
		警告标志的使用	20	任选四块，标志使用不正确每个扣 5 分，本项配分扣完为止
		指令标志的使用	20	任选四块，标志使用不正确每个扣 5 分，本项配分扣完为止
		提示标志的使用	20	任选四块，标志使用不正确每个扣 5 分，本项配分扣完为止
3	合计		100 分	

4.1.2　安全检测仪器使用（K12）

4.1.2.1　考试方式

实际操作。

4.1.2.2　考试时间

10 分钟。

4.1.2.3　操作步骤

（1）一氧化碳检测仪的正确使用。

（2）可燃气体测爆仪的正确使用。

（3）氧气检测仪的正确使用。

（4）硫化氢检测仪的正确使用。

4.1.2.4　评分标准

附表 C-2　K12 安全检测仪器使用　考试时间：10 分钟

序号	考试项目	考试内容	配分	评分标准
1	准备工作	劳动防护用品	20	安全帽未正确佩戴、工作服衣领未扣、袖口未扣、衣襟未扣、未穿劳保鞋，每项扣 4 分，共 20 分，本项配分扣完为止
2	操作过程	一氧化碳检测仪的使用	20	不会使用仪器扣 10 分；不会读数扣 5 分；不会判断安全性扣 5 分
		可燃气体测爆仪的使用	20	不会使用仪器扣 10 分；不会读数扣 5 分；不会判断安全性扣 5 分
		氧气检测仪的使用	20	不会使用仪器扣 10 分；不会读数扣 5 分；不会判断安全性扣 5 分
		硫化氢检测仪的使用	20	不会使用仪器扣 10 分；不会读数扣 5 分；不会判断安全性扣 5 分
3	合计		100 分	

4.1.3　空气呼吸器使用（K13）

4.1.3.1　考试方式

实际操作。

4.1.3.2　考试时间

10 分钟。

4.1.3.3　操作步骤

（1）空气呼吸器检查

①检查空气呼吸器各组部件是否齐全，接头、管路、阀体连接是否完好。

②检查气瓶是否固定牢固。

③检查空气呼吸器供气系统气密性和气源压力数值。

④打开瓶阀开关，将面罩正确地戴在头部深吸一口气，供气阀的阀门应能自动开启并供气。

（2）空气呼吸器正确佩戴

①将断开快速接头的空气呼吸器，瓶阀向下背在人体背部；不带快速接头的空气呼吸器，将面罩和供气阀分离后，将其瓶阀向下背在人体背部；根据身高调节好调节带的长度，根据腰围调节好腰带的长度后，扣好腰带。将压力表调整到便于佩戴者观察的位置。

②将快速接头插好，供气阀和面罩连接好。

③将瓶阀开关打开一圈以上，此时应有一声响亮的报警声，说明瓶阀打开后已充满压缩空气；压力表的指针也应指示相应的压力。

④佩戴好面罩，深吸一口气，供气阀供气后观察压力表，如果有回摆，说明瓶阀开关的开气量不够，应再打开一些，直到压力表不回落为止。此时拉紧紧固带，空气呼吸器佩戴完成。

⑤使用过程中应随时观察气瓶压力，出现气压报警时应立即撤离现场。

（3）空气呼吸器脱卸

①松开面罩系带，关闭供气阀阀门。

②从头上取下面罩。

③关闭瓶阀阀门。

④解开腰带卡子。

⑤从人体上取下空气呼吸器，放在清洁无污染的地方。

4.1.3.4　评分标准

附表 C-3　K13 空气呼吸器的使用　考试时间：10 分钟

序号	考试项目	考试内容	配分	评分标准
1	准备工作	劳动防护用品	20	安全帽未正确佩戴、工作服衣领未扣、袖口未扣、衣襟未扣、未穿劳保鞋，每项扣 4 分，共 20 分，本项配分扣完为止
2	操作过程	佩戴前检查	20	组件未检查扣 5 分；气瓶固定未检查扣 5 分；气密性、压力未检查扣 5 分；供气阀未检查扣 5 分
		呼吸器佩戴	40	瓶阀、腰带佩戴错误扣 5 分；供气气路连接错误扣 10 分；面罩佩戴错误扣 5 分；没有进行供气检查和试压扣 10 分；没有观察压力表读数扣 10 分
		呼吸器脱卸	20	面罩脱卸和供气阀操作顺序颠倒扣 10 分；供气阀门没有关闭扣 5 分；气瓶摆放不正确扣 5 分
3	合计		100 分	

4.1.4　煤气设备符号识别（K14）

4.1.4.1　考试方式

模拟操作、口述。

4.1.4.2　考试时间

10 分钟。

4.1.4.3　操作步骤

根据给定的煤气设备符号标出其所对应的名称。

（1）阀门类：闸阀、电动闸阀、球阀、气动蝶阀、电动蝶阀、手动蝶阀、眼镜阀、安全阀、V 型水封阀、NK 型水封阀、盲圈。

（2）管道附属装置：排水器、过滤器、法兰、波纹形补偿器、人孔、变径管、绝缘接头、压力表、流量孔板、固定支架、吹扫放散管、鼓形补偿器。

（3）设备：煤气柜、升压机、法兰顶开装置。

4.1.4.4　评分标准

附表 C-4　K14 煤气设备符号识别　考试时间：10 分钟

序号	考试项目	考试内容	配分	评分标准
1	准备工作	劳动防护用品	20	安全帽未正确佩戴、工作服衣领未扣、袖口未扣、衣襟未扣、未穿劳保鞋，每项扣 4 分，共 20 分，本项配分扣完为止
2	操作过程	阀门类	30	任选六个，选择不正确每个扣 5 分，本项配分扣完为止
		管道附属装置	40	任选五个，选择不正确每个扣 8 分，本项配分扣完为止
		设备	10	任选一个，选择不正确扣 10 分
3	合计		100 分	

4.2　安全操作技术（K2）

4.2.1　立式排水器操作（K21）

4.2.1.1　考试方式

实际操作、模拟仿真操作、口述。

4.2.1.2　考试时间

15 分钟。

4.2.1.3　操作步骤

能够对立式排水器按照正确的操作顺序进行操作。

（1）投运操作

①操作前设备状态检查：检查排液阀、排污阀处于关闭状态，放散阀处于开启状态，吹扫软管断开，排液阀后盲板已堵，手孔封闭，溢流口滴水。

②抽出盲板。

③开排液阀，送煤气。

④取样试验：软管连接吹散阀，取样化验或爆发试验。

⑤检验合格：关闭放散阀。

⑥操作结束检查：检查确认各点及水封是否正常。

（2）停运操作

①操作前设备状态检查：检查排液阀处于开启状态，排污阀、放散阀处于关闭状态，溢流口滴水。

②关闭排液阀，阀后加盲板。

③打开放散阀。

④打开排污阀排水。

⑤吹扫置换。

⑥检测。

4.2.1.4　评分标准

附表 C-5　K21 立式排水器操作　考试时间：15 分钟

序号	考试项目	考试内容	配分	评分标准
1	准备工作	劳动防护用品	10	安全帽未正确佩戴、工作服衣领未扣、袖口未扣、衣襟未扣、未穿劳保鞋、未携带 CO 测试仪、未佩戴呼吸器，前 5 项各扣 1 分，后 2 项各扣 2.5 分，共 10 分，本项配分扣完为止
		工器具准备	10	扳手、警戒带、垫子、盲板、润滑油脂、氧气测试仪、橡胶软管、铁丝、手钳、法兰撑开器，每遗漏一项扣 1 分，共 10 分，扣完为止
2	操作过程	投运操作	40	按照正确步骤操作，每缺少或操作不正确一项扣 10 分
		停运操作	40	按照正确步骤操作，每缺少或操作不正确一项扣 10 分
3	合计		100 分	

4.2.2　NK 型水封阀操作（K22）

4.2.2.1　考试方式

实际操作、仿真模拟操作、口述。

4.2.2.2　考试时间

15 分钟。

4.2.2.3　操作步骤

能够对 NK 型水封阀按照正确的操作顺序进行封水和落水操作。

（1）封水操作：操作前检查设备各阀门是否处于封水准备状态，按照正确的操作顺序关闭 NK 型水封阀，打开或关闭相关排水阀、溢流阀、上水阀、放散阀、交通阀等进行封水操作。

（2）落水操作：操作前检查设备各阀门是否处于落水准备状态，按照正确的操作顺序打开或关闭相关排水阀、溢流阀、上水阀、放散阀、交通阀等进行落水操作。

4.2.2.4　评分标准

附表 C-6　K22 NK 型水封阀操作　考试时间：15 分钟

序号	考试项目	考试内容	配分	评分标准
1	准备工作	劳动防护用品	20	安全帽未正确佩戴、工作服衣领未扣、袖口未扣、衣襟未扣、未穿劳保鞋、未携带 CO 测试仪、未佩戴呼吸器，前 5 项各扣 2 分，后 2 项各扣 5 分，共 20 分，本项配分扣完为止
2	操作过程	封水操作	40	操作前检查各阀门状态，少检查一个阀门扣 2 分，共 10 分，扣完为止；按照正确的操作步骤进行操作，出现一步错误扣 30 分
3		落水操作	40	操作前检查各阀门状态，少检查一个阀门扣 2 分，共 10 分，扣完为止；按照正确的操作步骤进行操作，出现一步错误扣 30 分
	合计		100 分	

4.2.3　抽堵盲板操作（K23）

4.2.3.1　考试方式

实际操作、仿真模拟操作、口述。

4.2.3.2　考试时间

15 分钟。

4.2.3.3　操作步骤

能够按照正确的操作顺序进行盲板的抽、堵操作。

（1）抽盲板操作

①先佩戴呼吸器，再卸螺栓。

②将盲板抽出方位的 2/3 法兰螺栓卸掉，1/3 螺帽卸到位。

③将千斤顶架设在两顶开装置间，把两侧法兰撑开。

④抽出盲板。

⑤用巴金刀将两侧法兰上的遗留物清理干净。

⑥插入盲圈。

⑦松回千斤顶。

⑧紧固四角法兰螺栓至不漏气为止，摘下呼吸器。

⑨对法兰周边螺栓紧固一致。

⑩操作结束。

（2）堵盲板操作

①先佩戴呼吸器，再卸螺栓。

②将盲板插入方位的 2/3 法兰螺栓卸掉，1/3 螺帽卸到位。

③将千斤顶架设在两顶开装置间，把两侧法兰撑开。

④抽出盲圈。

⑤用巴金刀将两侧法兰上的遗留物清理干净。

⑥插入盲板。

⑦松回千斤顶。

⑧紧固四角法兰螺栓至不漏气为止，摘下呼吸器。

⑨对法兰周边螺栓紧固一致。

⑩操作结束。

4.2.3.4　评分标准

附表 C-7　K23 抽堵盲板操作　考试时间：15 分钟

序号	考试项目	考试内容	配分	评分标准
1	准备工作	劳动防护用品	10	安全帽未正确佩戴、工作服衣领未扣、袖口未扣、衣襟未扣、未穿劳保鞋，未携带 CO 测试仪、未佩戴呼吸器，前 5 项各扣 1 分，后 2 项各扣 2.5 分，共 10 分，本项配分扣完为止
		工（器）具准备	10	扳手、垫子、盲板、润滑油脂、法兰撑开器、警戒带，每遗漏一项扣 2 分，共 10 分，扣完为止

序号	考试项目	考试内容	配分	评分标准
2	操作过程	抽盲板操作	40	按照正确的操作步骤进行操作，从顺序出现错误之处开始扣分，至操作结束每步扣 4 分
		堵盲板操作	40	按照正确的操作步骤进行操作，从顺序出现错误之处开始扣分，至操作结束每步扣 4 分
3		合计	100 分	

4.2.4　煤气管道水封清洗操作（K24）

4.2.4.1　考试方式

实际操作、模拟仿真操作、口述。

4.2.4.2　考试时间

15 分钟。

4.2.4.3　操作步骤

能够按照正确的操作顺序对煤气管道进行水封清洗操作。

（1）操作前设备检查：排液阀处于关闭状态，阀后加盲板，放散阀开启，吹扫软管连接。

（2）打开煤气吹扫阀和蒸汽吹扫阀。

（3）吹扫合格后关闭蒸汽吹扫阀。

（4）打开排污阀排空污水。

（5）打开手孔，清理残渣。

（6）封堵手孔，关闭排污阀。

（7）水封注水。

（8）检漏消缺。

4.2.4.4　评分标准

附表 C-8　K24 煤气管道水封清洗操作　考试时间：15 分钟

序号	考试项目	考试内容	配分	评分标准
1	准备工作	劳动防护用品	10	安全帽未正确佩戴、工作服衣领未扣、袖口未扣、衣襟未扣、未穿劳保鞋，未携带 CO 测试仪、未佩戴呼吸器，前 5 项各扣 1 分，后 2 项各扣 2.5 分，共 10 分，本项配分扣完为止
		工（器）具准备	10	扳手、警戒带、垫子、盲板、润滑油脂、氧气测试仪、橡胶软管、铁丝、手钳、法兰撑开器，每遗漏一项扣 1 分，共 10 分，扣完为止
2	操作过程	水封清洗操作	80	按照正确步骤操作，每缺少或操作不正确一项扣 10 分
3		合计	100 分	

4.2.5　煤气工艺流程及安全生产（K25）

4.2.5.1　考试方式

模拟操作、口述。

4.2.5.2　考试时间

15 分钟。

4.2.5.3　操作步骤

能够准确标识（或说出）各生产工艺流程及相关主要参数，知道流程工艺结构中每个主要设备的作用（每个工艺流程至少设置 5 项主要设备的识别）。

（1）冶金煤气安全生产工艺流程识别：

①高炉煤气干法净化工艺流程的主要设备：高炉、重力除尘器、布袋除尘器、减压阀组、TRT。

②高炉煤气湿法净化工艺流程的主要设备：高炉、一文氏洗涤器、减压阀组、二文氏洗涤器、电除尘。

③OG 法回收转炉煤气工艺流程的主要设备：转炉、烟罩、90°弯头脱水器（上、下）、一文氏洗涤器、二文氏洗涤器、烟囱、交通阀、引风机、三通阀、水封逆止阀、V型水封阀和转炉煤气柜、氧气测试仪和 C0 测试仪、余热锅炉。

④LT 法回收转炉煤气工艺流程主要设备：粉尘收集器、加压风机、干法静电除尘器、转炉、燃烧放散塔、余热锅炉、煤气柜、三通阀、CO 测试仪、氧气测试仪、杯形阀。

⑤焦炉煤气净化发生工艺流程的主要设备：焦炉、气液分离器、初冷器、风机、脱硫塔、电捕焦油器、洗氨塔 1、洗氨塔 2、洗苯塔 1、洗苯塔 2。

⑥焦炉煤气制氢工艺流程的主要设备：脱萘塔、再生器、压缩机、精脱萘塔、除油器、氢气球罐、脱氧干燥机、变压吸附器、预处理器、脱硫塔。

（2）煤气工艺安全参数

冶金煤气安全生产各工艺流程涉及的主要参数。

4.2.5.4　评分标准

附表 C-9　K25 煤气工艺流程及安全生产　考试时间：15 分钟

序号	考试项目	考试内容	配分	评分标准
1	准备工作	劳动防护用品	20	安全帽未正确佩戴、工作服衣领未扣、袖口未扣、衣襟未扣、未穿劳保鞋，每项 4 分
2	操作过程	煤气工艺流程主要设备识别	60	任选一个工艺，识别该工艺流程中主要设备，每错一项扣 10 分
		煤气工艺安全参数	20	所选冶金煤气工艺流程涉及的安全生产参数数值范围，每错一项扣 10 分
3	合计		100 分	

4.3　作业现场安全隐患排除（K3）

4.3.1　管道停送煤气（K31）

4.3.1.1　考试方式

模拟仿真操作、口述。

4.3.1.2　考试时间

10 分钟。

4.3.1.3　操作步骤

能够按照正确的操作顺序对管道进行停煤气和送煤气的操作。

（1）确认故障隐患和检修工作需求，检查管道停送煤气相关设备的使用状况。

（2）停管道煤气操作：按照正确的操作顺序对管道相关用户阀、进气阀、眼镜阀、放散阀、氮气吹扫阀等进行打开和关闭操作，用软管连接氮气吹扫阀与取样阀，对管道进行气体置换，取样化验，CO 浓度小于 24ppm，停气操作成功，方可结束操作。

（3）送管道煤气操作：检修操作前需对煤气管道进行气体置换检测氧气含量<1%，方可对管道进行导入煤气的操作。按照正确的操作顺序对管道相关用户阀、进气阀、眼镜阀、放散阀、氮气吹扫阀等进行送管道煤气操作，顺序不得出现差错。

4.3.1.4　评分标准

附表 C-10　K31 管道停送煤气　考试时间：10 分钟

序号	考试项目	考试内容	配分	评分标准
1	准备工作	劳动防护用品	10	安全帽未正确佩戴、工作服衣领未扣、袖口未扣、衣襟未扣、未穿劳保鞋、未携带 CO 测试仪、未佩戴呼吸器，前 5 项各扣 1 分，后 2 项各扣 2.5 分，共 10 分，本项配分扣完为止
		工器具准备	10	扳手、爆发筒、垫子、盲板、润滑油脂、氧气测试仪、橡胶软管、铁丝、手钳、法兰撑开器、警戒带，每遗漏一项扣 1 分，共 10 分，扣完为止
2	操作过程	停煤气操作	40	操作前状态检查，少检查一个装置扣 2 分，扣完 10 分为止；按照正确的操作步骤进行操作，出现一步错误扣 30 分
		送煤气操作	40	操作前状态检查，少检查一个装置扣 2 分，扣完 10 分为止；按照正确的操作步骤进行操作，出现一步错误扣 30 分
3	合计		100 分	

4.3.2　加热炉煤气停复役（K32）

4.3.2.1　考试方式

模拟仿真操作、口述。

4.3.2.2　考试时间

10 分钟。

4.3.2.3　操作步骤

能够按照正确的操作顺序对加热炉进行停役和复役的操作。

（1）确认加热炉故障隐患和检修需求，对相关设备状态进行检查确认。

（2）停役操作：按照正确的操作顺序对加热炉相关用户阀、进气阀、眼镜阀、放散阀、氮气吹扫阀等进行煤气停役操作，用软管连接氮气吹扫阀与取样阀，进行气体置换和CO 取样化验，检测 CO 浓度小于 24ppm，操作成功，方可结束操作。

（3）复役操作：操作前需对加热炉内氧含量进行检测试验，氧含量<1%方可进行煤气复役操作。按照正确的操作顺序对管道相关用户阀、进气阀、眼镜阀、放散阀、氮气吹扫阀等进行煤气复役操作，顺序不得出现差错。

4.3.2.4　评分标准

附表 C-11　K32 加热炉煤气停复役操作　考试时间：10 分钟

序号	考试项目	考试内容	配分	评分标准
1	准备工作	劳动防护用品	10	安全帽未正确佩戴、工作服衣领未扣、袖口未扣、衣襟未扣、未穿劳保鞋、未携带 CO 测试仪、未佩戴呼吸器，前 5 项各扣 1 分，后 2 项各扣 2.5 分，共 10 分，本项配分扣完为止
		工器具准备	10	扳手、爆发筒、垫子、盲板、润滑油脂、氧气测试仪、橡胶软管、铁丝、手钳、法兰撑开器、警戒带，每遗漏一项扣 1 分，共 10 分，扣完为止
2	操作过程	停役操作	40	操作前状态检查，少检查一个装置扣 2 分，扣完 10 分为止；按照正确的操作步骤进行操作，出现一步错误扣 30 分
		复役操作	40	操作前状态检查，少检查一个装置扣 2 分，扣完 10 分为止；按照正确的操作步骤进行操作，要求完全正确，出现一步错误扣 30 分
3	合计		100 分	

4.3.3　容器内动火检修作业（K33）

4.3.3.1　考试方式

模拟仿真操作、口述。

4.3.3.2　考试时间

10 分钟。

4.3.3.3　操作步骤

能够按照正确的操作顺序进行容器内动火检修的操作。

（1）确认容器内动火检修工作需求，检查容器相关设备及煤气操作相关阀门位置。

（2）关闭进出口总阀，打开末端放散阀，关闭眼镜阀（盲板），打开煤气吹扫阀和氮气吹扫阀。

（3）对容器内的煤气及窒息性气体进行置换。

（4）检测一氧化碳含量和氧含量。

（5）一氧化碳含量和氧含量均合格后方可允许检修人员进入容器内进行动火检修。

（6）动火作业过程中按规范进行检测。

4.3.3.4　评分标准

附表 C-12　K33 容器内动火检修作业　考试时间：10 分钟

序号	考试项目	考试内容	配分	评分标准
1	准备工作	劳动防护用品	10	安全帽未正确佩戴、工作服衣领未扣、袖口未扣、衣襟未扣、未穿劳保鞋、未携带 CO 测试仪、未携带氧气测试仪，前 5 项各扣 1 分，后 2 项各扣 2.5 分，扣完 10 分为止
		工器具准备	10	测爆仪、电焊机、焊把、焊帽、氧气瓶、乙炔瓶、气割刀、减压阀、压力表、输气管、安全绳、警戒带，每遗漏一项扣 1 分，共 10 分，扣完为止
2	操作过程	容器内动火检修	80	未检查相关设备的，扣 10 分；未进行阀门操作的，扣 30 分；未可靠切断的，扣 30 分；未吹扫置换的，扣 20 分；未检测的，扣 10 分；不具备动火条件动火的，扣 5 分；未对动火过程检测的，扣 5 分
3	合计		100 分	

4.3.4　煤气管道动火准备（K34）

4.3.4.1　考试方式

模拟仿真操作、口述。

4.3.4.2　考试时间

10 分钟。

4.3.4.3　操作步骤

能够按照正确的操作顺序进行煤气管道动火准备的操作。

（1）确定煤气管道动火检修需求，检查煤气管道相关设备运行状况。

（2）关闭煤气管道用户端烧嘴、前后端总阀、喇叭口阀、眼镜阀（盲板）等。

（3）打开吹扫阀进行管道内吹扫和气体置换。

（4）管道动火点检查 CO 含量，检测值在允许范围内方可进行动火。

4.3.4.4　评分标准

附录 C-13　K34 煤气管道动火准备　考试时间：10 分钟

序号	考试项目	考试内容	配分	评分标准
1	准备工作	劳动防护用品	10	安全帽未正确佩戴、工作服衣领未扣、袖口未扣、衣襟未扣、未穿劳保鞋、未携带 CO 测试仪和未携带氧气测试仪，前 5 项各扣 1 分，后 2 项各扣 2.5 分，共 10 分，扣完为止
		工器具准备	10	测爆仪、电焊机、焊把、焊帽、氧气瓶、乙炔瓶、气割刀、减压阀、压力表、输气管、安全绳、警戒带，每遗漏一项扣 1 分，共 10 分，扣完为止
2	操作过程	容器内动火检修	80	未检查设备运行状况的，扣 10 分；未可靠切断煤气的，扣 30 分；未吹扫置换的，扣 20 分；未进行气体检测的，扣 20 分
3	合计		100 分	

4.3.5　违章查找（K35）

4.3.5.1　考试方式

模拟仿真操作、口述。

4.3.5.2　考试时间

10 分钟。

4.3.5.3　操作步骤

根据给定煤气现场常见的现象或操作情况予以分析、判断（包含但不限于）。

（1）加热炉炉门打开时，门前禁止有人站立。

（2）盲板未堵前，严禁有人进容器内作业。

（3）容器内必须双人作业，不允许单人作业。

（4）起重作业不允许将绳索挂在煤气管道上。

（5）直径小于等于 100mm 的管道着火时，可以直接关闭阀门灭火。

（6）在煤气管道上动火，离煤气泄漏点必须大于 40m。

（7）在夜间带煤气作业时不允许用不同照明。

（8）在煤气区域 40m 内不准有房屋。

（9）煤气管道运行时，氮气管道必须与煤气运行管道分开，以防阀门漏气和误操作。

4.3.5.4　评分标准

附表 C-14　K35 违章查找　考试时间：10 分钟

序号	考试项目	考试内容	配分	评分标准
1	准备工作	劳动防护用品	20	安全帽未正确佩戴、工作服衣领未扣、袖口未扣、衣襟未扣、未穿劳保鞋，每项扣 4 分，共 20 分，扣完为止
2	操作过程	违章查找	80	至少选择八种情况判断正误，错一种扣 10 分
3	合计		100 分	

4.4　作业现场应急处置操作（K4）

4.4.1　煤气中毒人员抢救（K41）

4.4.1.1　考试方式

实际操作、仿真模拟操作、口述。

4.4.1.2　考试时间

10 分钟。

4.4.1.3　操作步骤

能够按照正确的操作顺序对煤气中毒人员进行抢救。

（1）报警：煤防站、医院、消防队；报告内容：发现时间、地点、中毒人数、报告人姓名。

（2）佩戴呼吸器将中毒者拖离煤气区域，放置在空气新鲜的上风处。

（3）解开中毒者衣领、腰带、鞋带；保持呼吸道通畅；清理口中污物。

（4）观察中毒者中毒程度，并立即采取人工呼吸法进行抢救。

（5）中毒者未恢复知觉前，禁止使用非专业救护车送往医院。

（6）冬季注意保温。

（7）现场拉出警戒线，禁止人员和车辆通行。

4.4.1.4　评分标准

附表 C-15　**K41 煤气中毒人员抢救　考试时间：10 分钟**

序号	考试项目	考试内容	配分	评分标准
1	准备工作	劳动防护用品	10	安全帽未正确佩戴、工作服衣领未扣、袖口未扣、衣襟未扣、未穿劳保鞋、未携带 CO 测试仪、未佩戴呼吸器，前 5 项各扣 1 分，后 2 项各扣 2.5 分，共 10 分，扣完为止
		工器具准备	10	担架、苏生器、医用酒精、药棉、救援车、警戒带，每遗漏一项扣 2 分，共 10 分，扣完为止
2	操作过程	抢救步骤	80	未报警或报告内容不准确的，扣 10 分；未采用正确方法离开煤气区域的，扣 20 分；人工呼吸前未做准备的，扣 10 分；人工呼吸方法不正确的，扣 20 分；采用非专业车辆送医院的，扣 5 分；未采取保温措施的，扣 5 分；未实施警戒的，扣 10 分
3	合计		100 分	

4.4.2　煤气设备着火处理（K42）

4.4.2.1　考试方式

仿真模拟操作、口述。

4.4.2.2　考试时间

10 分钟。

4.4.2.3　操作步骤

能够按照正确的操作顺序进行煤气设备内和设备外着火的处理。

（1）运行煤气设备外着火

①报警：煤防站、医院、消防队；报告内容：发现时间、地点、着火气体种类、报告人姓名。

②确认着火煤气设备直径，小于等于 100mm 的设备可以直接关闭阀门灭火，大于 100mm 的设备不得直接关闭阀门灭火。

③打开煤气吹扫阀、氮气或蒸汽吹扫阀，关小煤气阀。

④干粉灭火器灭火。

⑤关闭煤气设备进出口阀。

（2）煤气设备内着火

①确认煤气设备内着火，检查相关设备状况及阀门状态。

②对设备内进行灭火和吹扫。

③对煤气相关阀门按照正确的操作顺序进行关闭和打开。

4.4.2.4　评分标准

附表 C-16　K42 煤气设备着火处理　考试时间：10 分钟

序号	考试项目	考试内容	配分	评分标准
1	准备工作	劳动防护用品	10	安全帽未正确佩戴、工作服衣领未扣、袖口未扣、衣襟未扣、未穿劳保鞋、未携带 CO 测试仪、未佩戴呼吸器，前 5 项各扣 1 分，后 2 项各扣 2.5 分，共 10 分，扣完为止
		工器具准备	10	软管、铁丝、手钳、扳手、安全带、灭火器、警戒带，每遗漏一项扣 2 分，共 10 分，扣完为止
2	操作过程	运行煤气设备外着火	40	未报警或报告内容不准确的，扣 10 分；未确认阀门直径或选择灭火方式不正确的，扣 10 分；未稀释煤气浓度的，扣 10 分；未进行灭火的，扣 5 分；未关闭煤气设备进出口阀的，扣 5 分
3		煤气设备内着火	40	未确认设备状态的，扣 10 分；未进行灭火和吹扫的，扣 20 分；未正确操作阀门的，扣 10 分
4		合计	100 分	

4.4.3　煤气设备爆炸处理（K43）

4.4.3.1　考试方式

模拟操作、口述。

4.4.3.2　考试时间

10 分钟。

4.4.3.3　操作步骤

能够按照正确的操作顺序进行煤气设备爆炸处理。

（1）报警：煤防站、医院、消防队；报告内容：发现时间、地点、受伤人数、报告人姓名。

（2）判断爆炸点是否着火，若未着火则切断煤气来源，若着火进行下述步骤。

（3）抢救受伤人员。

（4）用蒸汽或氮气对煤气管道进行吹扫。

（5）缓慢减小煤气总阀，待火势减小时再用灭火器灭火。

（6）灭火后关闭煤气设备前后端总阀和盲板。

（7）对设备进行吹扫置换。

4.4.3.4　评分标准

附表 C-17　K43 煤气设备爆炸处理　考试时间：10 分钟

序号	考试项目	考试内容	配分	评分标准
1	准备工作	劳动防护用品	10	安全帽未正确佩戴、工作服衣领未扣、袖口未扣、衣襟未扣、未穿劳保鞋、未携带 CO 测试仪、未佩戴呼吸器，前 5 项各扣 1 分，后 2 项各扣 2.5 分，共 10 分，扣完为止
		工器具准备	10	软管、铁丝、手钳、扳手、安全带、灭火器、警戒带，每遗漏一项扣 2 分，共 10 分，扣完为止

序号	考试项目	考试内容	配分	评分标准
2	操作过程	煤气设备爆炸处理	80	未按照正确的操作顺序进行操作的，每缺少或操作错误一项扣 15 分，共 80 分，扣完为止
3		合计	100 分	

4.4.4　煤气柜泄漏处理（K44）

4.4.4.1　考试方式

仿真模拟操作、口述。

4.4.4.2　考试时间

10 分钟。

4.4.4.3　操作步骤

能够按照正确的操作顺序进行煤气柜泄漏处理。

（1）报警、搜救、拉警戒线。

（2）降低煤气柜容量。

（3）关闭煤气柜进出口蝶阀、眼镜阀，打开煤气吹扫阀、放散阀。

（4）拆除氮气吹扫阀处盲板，开启氮气吹扫阀。

（5）检测 CO 含量，合格后关闭氮气吹扫阀。

（6）拆除空气鼓风机处盲板，开风机吹扫置换柜内氮气。

（7）检测氧含量，合格后停风机，煤气柜退出运行。

4.4.4.4　评分标准

附表 C-18　K44 煤气柜泄漏处理　考试时间：10 分钟

序号	考试项目	考试内容	配分	评分标准
1	准备工作	劳动防护用品	10	安全帽未正确佩戴、工作服衣领未扣、袖口未扣、衣襟未扣、未穿劳保鞋、未携带 CO 测试仪、未佩戴呼吸器，前 5 项各扣 1 分，后 2 项各扣 2.5 分，共 10 分，扣完为止
		工器具准备	10	软管、铁丝、手钳、扳手、安全带、灭火器、警戒带，每遗漏一项扣 2 分，共 10 分，扣完为止
2	操作过程	煤气柜泄漏处理	80	未按照正确的操作顺序进行操作的，每缺少或操作错误一项扣 15 分，扣完 80 分为止
3		合计	100 分	

4.4.5　单人徒手心肺复苏操作（K45）

4.4.5.1　考试方式

实际操作。

4.4.5.2　考试时间

3 分钟。

4.4.5.3　安全操作步骤

（1）判断意识：拍患者肩部，大声呼叫患者。

（2）呼救：环顾四周，请人协助救助，解衣扣，松腰带，摆体位。

（3）判断颈动脉搏动：手法正确（单侧触摸，时间不少于 5s）。

（4）定位：胸骨中下 1/3 处，一手掌根部放于按压部位，另一手平行重叠于该手手背上，手指并拢，以掌根部接触按压部位，双臂位于患者胸骨的正上方，双肘关节伸直，利用上身重量垂直下压。

（5）胸外按压：按压速率每分钟至少 100 次，按压幅度至少 5cm（每个循环按压 30 次，时间 15~18s）。

（6）畅通气道：摘掉假牙，清理口腔。

（7）打开气道：常用仰头按颏法、托颌法，标准为下颌角与耳垂的连线与地面垂直。

（8）吹气：吹气时看到胸廓起伏，吹气毕，立即离开口部，松开鼻腔，视患者胸廓下降后，再吹气（每个循环吹气 2 次）。

（9）完成 5 次循环后判断有无自主呼吸、心跳，观察双侧瞳孔。

（10）整体质量判定有效指征：有效吹气 10 次，有效按压 150 次，并判定效果（从判断颈动脉搏动开始到最后一次吹气，总时间不超过 130s）。

（11）安置患者，整理服装，摆好体位，整理用物。

（12）整体评价：个人着装整齐。

4.4.5.4　评分标准

（1）配分标准：100 分，各项目所扣分数总和不得超过该项应得分值。

（2）评分表

附表 C-19　单人徒手心肺复苏操作　考试时间：3 分钟

序号	考试项目	考试内容	配分	评分标准
1	判断意识	拍患者肩部，大声呼叫患者	4	一项做不到扣 2 分
2	呼救	环顾四周，请人协助救援，解衣扣、松腰带、摆体位	4	不呼救扣 1 分；未解衣扣、腰带各扣 1 分；未述摆体位或体位不正确扣 1 分
3	判断颈动脉搏动	手法正确（单侧触摸，时间不少于 5s）	6	不找甲状软骨扣 2 分；位置不对扣 2 分；触摸时不停留扣 2 分；同时触摸两侧颈动脉扣 2 分；大于 10s 扣 2 分；小于 5s 扣 2 分（最多扣 6 分）
4	定位	胸骨中下 1/3 处，一手掌根部放于按压部位，另一手平行重叠于该手手背上，手指并拢，以掌根部接触按压部位，双臂位于患者胸骨的正上方，双肘关节伸直，利用上身重量垂直下压	6	位置靠左、右、上、下均扣 1 分；一次不定位扣 1 分；定位方法不正确扣 1 分
5	胸外按压	按压速率每分钟至少 100 次，按压幅度至少 5cm（每个循环按压 30 次，时间 15s~18s）	30	节律不均匀扣 5 分；一次小于 15s 或大于 18s 扣 5 分；一次按压幅度小于 5cm 扣 2 分；一次胸壁不回弹扣 2 分

序号	考试项目	考试内容	配分	评分标准
6	畅通气道	摘掉假牙，清理口腔	4	不清理口腔扣 1 分；未述摘掉假牙扣 1 分；头偏向一侧扣 2 分
7	打开气道	常用仰头按颏法、托颌法，标准为下颌角与耳垂的连线与地面垂直	6	未打开气道不得分；过度后仰或程度不够均扣 4 分
8	吹气	吹气时看到胸廓起伏，吹气毕，立即离开口部，松开鼻腔，视患者胸廓下降后，再吹气（每个循环吹起 2 次）	20	失败一次扣 2 分；一次未捏鼻孔扣 1 分；两次吹气间不松鼻孔扣 1 分；不看胸廓起伏扣 1 分（共 10 次 20 分）
9	判断	完成 5 次循环吹气后判断有无自主呼吸、心跳，观察双侧瞳孔	4	一项不判断扣 1 分；少观察一侧瞳孔扣 0.5 分；触摸颈动脉扣分同上
10	整体质量判定有效指征	有效吹气 10 次，有效按压 150 次，并判定效果（从判断颈动脉搏动开始到最后一次吹气，总时间不超过 130s）	10	掌根不重叠扣 1 分；手指不离开胸壁扣 1 分；每次按压手掌离开胸壁扣 1 分；按压时间过长（少于放松时间）扣 1 分；按压时身体不垂直扣 1 分；一项不符合要求扣 1 分；少按、多按压一次各扣 1 分；少吹、多吹气一次各扣 1 分；总时间每超过 5s 扣 1 分
11	整理	安置患者，整理服装，摆好体位，整理用物	4	一项不符合要求扣 1 分
12	整体评价	个人着装整齐	2	未戴帽扣 1 分，穿深色袜子扣 1 分
13		合计	100 分	

参 考 文 献

［1］徐丙根. 煤气作业安全技术 ［M］. 北京：中国石化出版社，2015.

［2］张天启. 特种作业安全技能问答 ［M］. 北京：冶金工业出版社，2014.

［3］武汉安全环保研究院. GB 6222—2005 工业企业煤气安全规程 ［S］. 北京：中国标准出版社，2006.

［4］国家安全生产监督管理总局人事司（宣教办）国家安全生产监督管理总局培训中心. 特种作业安全技术实际操作考试标准（试行）汇编 ［S］. 北京：中国矿业大学出版社，2015.

［5］张天启. 煤气安全作业应知应会 300 问 ［M］. 北京：冶金工业出版社，2016.

［6］侯向东. 高炉冶炼操作与控制 ［M］. 北京：冶金工业出版社，2012.

［7］冯捷，张红文. 转炉炼钢生产 ［M］. 北京：冶金工业出版社，2009.

［8］高建业. 焦炉煤气净化操作技术 ［M］. 北京：冶金工业出版社，2009.